Mphammad Kaleem Galamali

Exercícios práticos - Eletromagnetismo e energia eléctrica Calculadoras

Mphammad Kaleem Galamali

Exercícios práticos - Eletromagnetismo e energia eléctrica Calculadoras

Um conjunto pronto de exercícios práticos para ajudar os académicos

ScienciaScripts

Imprint

Any brand names and product names mentioned in this book are subject to trademark, brand or patent protection and are trademarks or registered trademarks of their respective holders. The use of brand names, product names, common names, trade names, product descriptions etc. even without a particular marking in this work is in no way to be construed to mean that such names may be regarded as unrestricted in respect of trademark and brand protection legislation and could thus be used by anyone.

Cover image: www.ingimage.com

This book is a translation from the original published under ISBN 978-620-7-63921-2.

Publisher:
Sciencia Scripts
is a trademark of
Dodo Books Indian Ocean Ltd. and OmniScriptum S.R.L publishing group

120 High Road, East Finchley, London, N2 9ED, United Kingdom
Str. Armeneasca 28/1, office 1, Chisinau MD-2012, Republic of Moldova, Europe
Printed at: see last page
ISBN: 978-620-7-78596-4

Exercícios práticos - Eletromagnetismo e energia eléctrica Calculadoras.

Um conjunto pronto de exercícios práticos para ajudar os académicos.

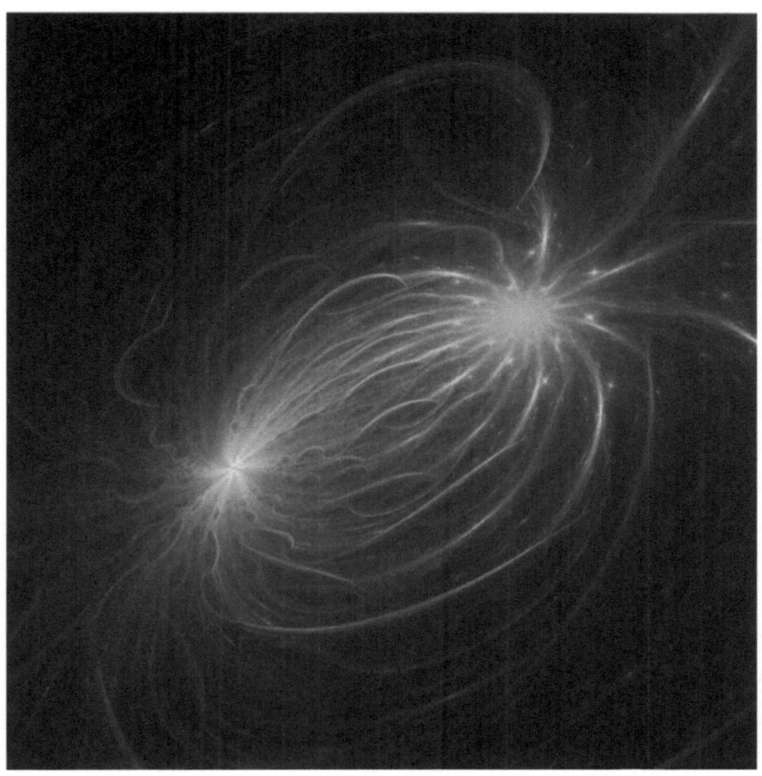

Dr. Mohammad Kaleem GAL AMALI

Agradecimentos

Escrever um manuscrito é uma aventura nobre que, no entanto, não pode ser levada a cabo sem o apoio e o encorajamento das pessoas próximas do autor, durante vários meses. É após a conclusão do trabalho que a apreciação da realização pode ser sentida no fundo do coração do autor, especialmente porque este é o meu terceiro conjunto de exercícios práticos concebidos.

Como crente, considero primordial agradecer sinceramente a Deus pelos Seus vastos favores em cada passo da vida. Agradeço de coração à minha mulher o apoio contínuo em casa para este trabalho académico, o debate de ideias, as críticas pertinentes e o cuidado com os nossos três filhos. Um agradecimento especial aos meus pais por ajudarem a tomar conta dos nossos filhos durante os dias de trabalho e por todos os outros favores que nos concedem.

No entanto, os meus agradecimentos excepcionais vão para os meus professores e supervisores de doutoramento, Professor Dr. Nawaz Ali Mohamudally e Professor Dr. Nimal Nissanke, pelas suas sessões muito dedicadas de aconselhamento e orientação. Sinto sempre a sua presença espiritual ao longo das minhas actividades académicas.

"Não sei nada, mas sei que tudo é interessante se formos suficientemente fundo." - Richard Feyman

Dr. Mohammad Kaleem GALAMALI (PhD), Académico Pensador visionário.

República da Maurícia, abril de 2024

Correio eletrónico: mkaleemg@gmail.com

Electricity and Electromagnetism

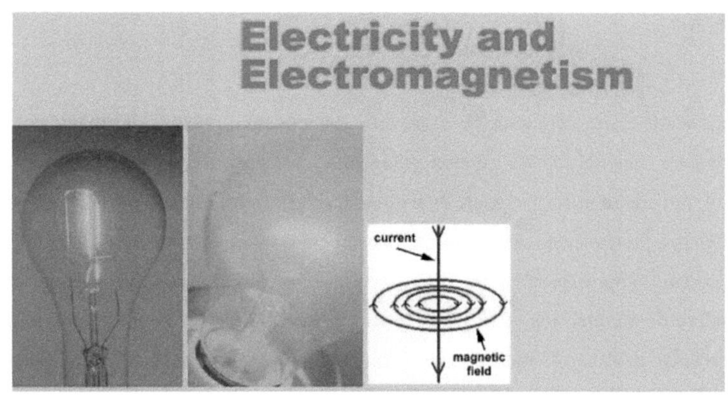

Resumo

Após vinte e sete conjuntos de exercícios práticos apresentados em manuscritos anteriores, inspirei-me nas minhas aulas anteriores para alargar este manuscrito. Aqui, um conjunto sucessivo de 26 exercícios práticos escritos de forma coesa em softwares, pertencentes ao campo do Eletromagnetismo e Calculadoras de Energia Eléctrica, foi apresentado, num estilo semelhante ao dos manuscritos anteriores. O objetivo de facilitar aos jovens académicos a obtenção de um conjunto pronto de exercícios práticos é aqui prosseguido. Este conjunto de exercícios aplica-se melhor aos níveis de iniciação dos cursos universitários. É claro que a sua aplicabilidade a cursos de nível avançado pode ser apreciada por muitos académicos à sua discrição. É de notar que é muito possível que os académicos adaptem estes exercícios às suas necessidades.

A este nível, pressupõe-se que o hardware necessário para cada exercício em causa é disponibilizado aos estudantes em causa.

Recomenda-se vivamente que os alunos elaborem fichas de síntese adequadas e funcionais para cada exercício, bem como um relatório correto e as referências necessárias. Para cada exercício, é necessária uma parte de análise por parte dos alunos para desenvolver o seu pensamento e as suas capacidades críticas/profissionais. A maior parte dos exercícios foi concebida para computadores/computadores portáteis, bem como para os telemóveis/tablets atualmente em voga.

Naturalmente, é sempre recomendável que os estudantes comuniquem corretamente com o seu treinador, que, por sua vez, é recomendado para realizar um acompanhamento de perto.

Glossário

AC	Alternating Current.
Amps	Amperes.
HP	Horse Power.
ICT	Information and Communication Technology.
KVA	Kilo-volt-amperes.

Publicações anteriores relacionadas

1. **Dr. Galamali Mohammad Kaleem,** "Hardware-Related Practical Exercises in ICT Fundamentals - A ready-made Set of Practical Exercises for Assisting Academicians", **LAP LAMBERT Academic Publishing - membro do grupo OmniScriptum S.R.L Publishing, Moldova,** 07th July **2023,** ISBN : **978-620-6-18485-0**

2. **Dr. Galamali Mohammad Kaleem,** "Practical Exercises for Business and Management Softwares - A ready-made Set of Practical Exercises for Assisting Academicians", **LAP LAMBERT Academic Publishing - membro do grupo OmniScriptum S.R.L Publishing, Moldávia,** 24th julho **2023,** ISBN : **978-620-6-75178-6**

3. **Dr. Galamali Mohammad Kaleem,** "Practical Exercises for Personal Empowerment softwares - A ready-made Set of Practical Exercises for Assisting Academicians", **LAP LAMBERT Academic Publishing - membro do grupo OmniScriptum S.R.L Publishing, Moldávia,** 13th agosto **2023,** ISBN : **978-620-6-75571-5**

4. **Dr. Galamali Mohammad Kaleem,** "Practical Exercises for Improving Security in ICT - A ready-made Set of Practical Exercises for Assisting Academicians", **LAP LAMBERT Academic Publishing - membro do grupo OmniScriptum S.R.L Publishing, Moldova,** 7th setembro **2023,** ISBN : **978-620-6-78292-6**

5. **Dr. Galamali Mohammad Kaleem,** "Practical Exercises for Personal Skills Enhancements in ICT - A ready-made Set of Practical Exercises for Assisting Academicians", **LAP LAMBERT Academic Publishing - membro do grupo OmniScriptum S.R.L Publishing, Moldávia,** 22nd setembro **2023,** ISBN : **978-620-6-78607-8**

6. **Dr. Galamali Mohammad Kaleem,** "Practical Exercises for Community Empowerment - A ready-made Set of Practical Exercises for Assisting Academicians", **LAP LAMBERT Academic Publishing - membro do grupo OmniScriptum S.R.L Publishing, Moldova,** 3rd outubro **2023,** ISBN : **978-620-6-78790-7**

7. **Dr. Galamali Mohammad Kaleem,** "Practical Exercises for Education Support Softwares - A ready-made Set of Practical Exercises for Assisting Academicians", **LAP LAMBERT Academic Publishing - membro do grupo OmniScriptum S.R.L Publishing, Moldova, 12**[th] outubro 2023, ISBN : **978-620-6-78911-6**

8. **Dr. Galamali Mohammad Kaleem,** "Practical Exercises for Multimedia and Entertainment Softwares - A ready-made Set of Practical Exercises for Assisting Academicians", **LAP LAMBERT Academic Publishing - membro do grupo OmniScriptum S.R.L Publishing, Moldova, 20**[th] outubro 2023, ISBN : **978-620-6-79079-2**

9. **Dr. Galamali Mohammad Kaleem,** "Practical Exercises for Specialised Professional Assistance Softwares - A ready-made Set of Practical Exercises for Assisting Academicians", **LAP LAMBERT Academic Publishing - membro do grupo OmniScriptum S.R.L Publishing, Moldávia, 24**[th] outubro 2023, ISBN : **978-620-6-79195-9**

10. **Dr. Galamali Mohammad Kaleem,** "Practical Exercises for Improving ICT Technical Skills - A ready-made Set of Practical Exercises for Assisting Academicians", **LAP LAMBERT Academic Publishing - membro do grupo OmniScriptum S.R.L Publishing, Moldávia, 30**[th] outubro 2023, ISBN : **978-620-6-79274-1**

11. **Dr. Galamali Mohammad Kaleem,** "Practical Exercises for Upgrading ICT & Smart Phone Skills - A ready-made Set of Practical Exercises for Assisting Academicians", **LAP LAMBERT Academic Publishing - membro do grupo OmniScriptum S.R.L Publishing, Moldova, 10**[th] November 2023, ISBN : **978-620-6-84371-9**

12. **Dr. Galamali Mohammad Kaleem,** "Practical Software Exercises for Self-Learning Empowerment - A ready-made Set of Practical Exercises for Assisting Academicians", **LAP LAMBERT Academic Publishing - membro do grupo OmniScriptum S.R.L Publishing, Moldova, 14**[th] November 2023, ISBN : **978-620-3-02687-0**

13. **Dr. Galamali Mohammad Kaleem,** "Practical Exercises for Uplifting Society with Softwares - A ready-made Set of Practical Exercises for Assisting Academicians", **LAP LAMBERT Academic Publishing - membro do grupo OmniScriptum S.R.L Publishing, Moldova, 17**[th] November 2023, ISBN : **978-620-3-30354-4**

14. **Dr. Galamali Mohammad Kaleem,** "Practical Exercises for Enhancing Software Engineering Skills - A ready-made Set of Practical Exercises for Assisting Academicians", **LAP LAMBERT Academic Publishing - membro do grupo OmniScriptum S.R.L Publishing, Moldova, 21**[st] November 2023, ISBN : **978-620-6-84666-6**

15. **Dr. Galamali Mohammad Kaleem,** "Practical Exercises for Enhancing Professional Sports softwares - A ready-made Set of Practical Exercises for Assisting Academicians", **LAP LAMBERT Academic Publishing - membro do grupo OmniScriptum S.R.L Publishing, Moldávia, 29**[th] novembro 2023, ISBN : **978-620-7-44749-7**

16. **Dr. Galamali Mohammad Kaleem,** "Practical software Exercises for Assisting Specific Professions - A ready-made Set of Practical Exercises for Assisting Academicians", **LAP LAMBERT Academic Publishing - membro do grupo OmniScriptum S.R.L Publishing, Moldova, 30**[th] November 2023, ISBN : **978-620-7-44888-3**

17. **Dr. Galamali Mohammad Kaleem,** "Practical software Exercises for General Societal Welfare - A ready-made Set of Practical Exercises for Assisting Academicians", **LAP LAMBERT Academic Publishing - membro do grupo OmniScriptum S.R.L Publishing, Moldova, 30**[th] November 2023, ISBN : **978-620-7-44933-0**

18. **Dr. Galamali Mohammad Kaleem,** "Practical Exercises for Human Wellness softwares - A ready-made Set of Practical Exercises for Assisting Academicians", **LAP LAMBERT Academic Publishing - membro do grupo OmniScriptum S.R.L Publishing, Moldova, 04**[th] December 2023, ISBN : **978-620-7-44949-1**

19. **Dr. Galamali Mohammad Kaleem,** "Practical Exercises for General Usage softwares - A ready-made Set of Practical Exercises for Assisting Academicians", **LAP LAMBERT Academic Publishing - member of the OmniScriptum S.R.L Publishing group, Moldova, 05**[th] December **2023,** ISBN : **978-620-7-45015-2**

20. **Dr. Galamali Mohammad Kaleem,** "Practical Exercises for Modern Multimedia Softwares for Business - A ready-made Set of Practical Exercises for Assisting Academicians", **LAP LAMBERT Academic Publishing - membro do grupo OmniScriptum S.R.L Publishing, Moldova, 07**[th] December **2023,** ISBN : **978-620-7-45056-5**

21. **Dr. Galamali Mohammad Kaleem,** "Practical Exercises for Modern ICT and Business Calculator Tools - A ready-made Set of Practical Exercises for Assisting Academicians", **LAP LAMBERT Academic Publishing - membro do grupo OmniScriptum S.R.L Publishing, Moldova, 11**[th] December 2023, ISBN : **978-620-7-45106-7**

22. **Dr. Galamali Mohammad Kaleem,** "Practical Exercises for Modern Physics and Construction Tools - A ready-made Set of Practical Exercises for Assisting Academicians", **LAP LAMBERT Academic Publishing - membro do grupo OmniScriptum S.R.L Publishing, Moldova, 18**[th] **janeiro 2024,** ISBN : **978-620-7-45976-6**

23. **Dr. Galamali Mohammad Kaleem,** "Practical Exercises for Multi-Usage Professional Software Calculators - A ready-made Set of Practical Exercises for Assisting Academicians", **LAP LAMBERT Academic Publishing - membro do grupo OmniScriptum S.R.L Publishing, Moldova, 26**[th] **janeiro 2024,** ISBN : **978-620-7-46016-8**

24. **Dr. Galamali Mohammad Kaleem,** "Practical Exercises for Modern Electronic Engineering Calculators - A ready-made Set of Practical Exercises for Assisting Academicians", **LAP LAMBERT Academic Publishing - membro do grupo OmniScriptum S.R.L Publishing, Moldova, 07**[th] **February 2024,** ISBN : **978-620-7-46232-2**

25. **Dr. Galamali Mohammad Kaleem,** "Practical Exercises for Electronic and Fabrication Eng Calculators - A ready-made Set of Practical Exercises for Assisting Academicians", **LAP LAMBERT Academic Publishing - membro do grupo OmniScriptum S.R.L Publishing, Moldova, 21**[st] **fevereiro 2024,** ISBN : **978-620-7-46562-0**

26. **Dr. Galamali Mohammad Kaleem,** "Practical Exercises for Vehicles/Highways and Marine Eng Calculators - A ready-made Set of Practical Exercises for Assisting Academicians", **LAP LAMBERT Academic Publishing - membro do grupo OmniScriptum S.R.L Publishing, Moldova, 29**[th] **fevereiro 2024,** ISBN : **978-620-7-46801-0**

27. **Dr. Galamali Mohammad Kaleem,** "Practical Exercises for Radio Frequency Calculators - A ready-made Set of Practical Exercises for Assisting Academicians", **LAP LAMBERT Academic Publishing - membro do grupo OmniScriptum S.R.L Publishing, Moldova, 06**[th] **março 2024,** ISBN : **978-620-7-46920-8**

Índice

12

Secção 1: Leis do eletromagnetismo.

1.1 Tarefa 1: Lei de Coulomb Softwares de cálculo.

Recomendação: a realizar em grupos de 2 alunos

Duração prática sugerida - cerca de 6 horas

Pode consultar os seguintes sítios e outras fontes:

https://www.omnicalculator.com/physics/coulombs-law

https://byjus.com/coulombs-law-calculator/

https://www.allumiax.com/coulombs-law-calculator

https://www.inchcalculator.com/coulombs-law-charge-calculator/

https://sciencecalculators.com/Physics/CoulombsLaw/calculator.html

https://testbook.com/calculators/coulombs-law-calculator

https://www.123calculus.com/en/electrostatic-force-page-8-55-480.html

https://planetcalc.com/5968/

https://www.softschools.com/science/physics/calculators/coulombs_law_calculato
r/

https://www.desmos.com/calculator/rkuwmti2rk

https://calculator.academy/coulombs-law-calculator/

https://phys.libretexts.org/Bookshelves/College_Physics/College_Physics_1e_(Op
enStax)/18%3A_Carga_eléctrica_e_campo_eléctrico/18.03%3A_Lei_de_Coulom
b

https://apps.apple.com/ke/app/coulombs-law-calculator/id1425576265

https://www.vcalc.com/wiki/vCalc/Coulombs-Law

https://www.calctown.com/calculators/coulomb-s-law

https://www.sciencecalculators.org/electricity-magnetism/coulomb/

https://newtum.com/calculators/physics/coulomb-law-calculator

https://www.calctool.org/electromagnetism/coulombs-law

https://www.fxsolver.com/browse/formulas/Coulomb%27s+law

https://planetcalc.com/5971/

https://apps.apple.com/tr/app/coulombs-law-calculator/id1425576265

https://endmemo.com/physics/coulomb.php

https://calculator-online.net/coulombs-law-calculator/

https://www.redcrab-software.com/en/Calculator/Electrics/Coulombs-Law

https://calculator.swiftutors.com/coulombs-law-calculator.html

https://blog.truegeometry.com/calculators/colombs_law_calculator_calculation.ht

ml

https://www.electricity-magnetism.org/electrostatics/coulombs-law/coulombs-law-equation-3/

https://www.equi-sum.com/EN/CoulombsLaw.php

https://getcalc.com/physics-coulombs-law-calculator.htm

https://www.rapidtables.com/calc/electric/coulombs-law-calculator.html

https://calculatorsbag.com/calculators/physics/coulomb-s-law

https://physicscalc.com/physics/coulomb-law-calculator/

https://www.148apps.com/app/1425576265/

https://www.calculatoratoz.com/en/electric-force-by-coulombs-law-calculator/Calc-513

https://calculadoraweb.com/en/coulombs-law-calculator-online-calculation/

https://www.inchcalculator.com/widgets/w/coulombs-law/

Investigar em Softwares de Calculadora da Lei de Coulomb e sua instalação em 5 diferentes softwares/aplicações, usando uma combinação dos seguintes métodos:

i.   Descarregue versões gratuitas de tais Softwares Calculadora da Lei de Coulomb Moderna e execute-os localmente no seu portátil/computador.

ii.   Descarregue versões gratuitas destas calculadoras modernas de Lei de Coulomb e execute-as localmente no seu smartphone/tablet.

Este exercício irá formar os alunos na utilização destes softwares de calculadora da lei de Coulomb moderna e nas opções disponíveis e apresentá-los à nova era destes softwares de calculadora da lei de Coulomb moderna em smartphones e tablets. Um pequeno apêndice de diferentes softwares de calculadora da lei de Coulomb moderna também é abordado aqui. Estes podem ser necessários mais tarde durante o seu curso, carreira e investigação. Também pode servir como um estudo preliminar para aprender softwares mais avançados/licenciados de calculadoras modernas da Lei de Coulomb. Os resultados devem ser demonstrados ao professor antes de serem entregues. A entrega pode ser feita em papel ou em suporte informático. Seguir as instruções subsequentes, incluindo os prazos relevantes, dadas pelo professor. Os resultados esperados incluem um relatório em docx/pdf, em bom formato, contendo o seguinte:

i. Uma ficha de síntese do trabalho corretamente concebida e preenchida.

ii. Os dados do computador/laptop no qual será instalado o software de cálculo da lei de Coulomb moderna ou onde serão acedidas as versões online do software.

iii. Os softwares gratuitos Modern Coulomb's Law Calculator descarregados e os seus detalhes, incluindo os detalhes de instalação.

iv. Relatório de execução dos programas gratuitos e modernos de cálculo da lei de Coulomb, com cenários de demonstração dos dados introduzidos e dos resultados obtidos, eventuais pormenores sobre o nível de sucesso alcançado, etc., em cada programa de cálculo da lei de Coulomb.

v. Uma análise sucessiva dos diferentes Softwares de Calculadora da Lei de Coulomb Moderna e qual deles você considera ser o melhor como o software livre para laptop/computador.

vi. Os detalhes do smartphone/tablet no qual o software Modern Coulomb's Law Calculator será instalado.

vii. Relatório de execução destes programas de calculadora da lei de Coulomb moderna em telemóveis/tablets, com cenários de demonstração dos dados fornecidos e dos resultados obtidos, eventuais pormenores sobre o nível de sucesso alcançado, etc., em cada um dos programas de calculadora da lei de Coulomb moderna.

viii. Uma análise sucessiva dos diferentes Softwares Modernos de Calculadora da Lei de Coulomb e qual deles você considera ser o melhor suporte para smartphones/tablets.

ix. Um capítulo de conclusões exaustivo.

x. Referências em causa.

xi. Secção "Apêndice" que tem basicamente 3 partes: a primeira parte é sobre a atribuição de tarefas no grupo, a segunda parte é sobre o agendamento das tarefas e a terceira parte é sobre as notas de supervisão da reunião e as orientações aí fornecidas.

1.2 Tarefa 2: Lei de Faraday Softwares de cálculo.

Recomendação: a realizar em grupos de 2 alunos

Duração prática sugerida - cerca de 6 horas

Pode consultar os seguintes sítios e outras fontes:

https://www.omnicalculator.com/physics/faraday

https://www.allaboutcircuits.com/tools/lenz-law-calculator-faradays-law-calculator/

https://www.electronicsforu.com/special/lenzs-law-and-faradays-law-calculator

https://www.omnicalculator.com/chemistry/electrolysis

https://apps.apple.com/us/app/faradays-law-calculator/id1438817282

https://calculator.academy/faradays-law-calculator/

https://forumelectrical.com/faradays-law-calculator/

https://www.electricalcalculators.org/faradays-law-and-lenzs-law-formula-calculator/

http://calistry.org/calculate/faradayLawElectrolysis

https://www.calctool.org/electromagnetism/faraday

https://blog.truegeometry.com/calculators/Faraday_s_Law_and_Lenz_s_Law_cal culation_for_Science.html

https://physicscalc.com/physics/faradays-law-calculator/

https://calculator.academy/faraday-constant-calculator/

https://download.cnet.com/faraday-s-law-calculator/3000-2094_4-78576937.html

https://byjus.com/physics/faradays-law/

https://www.easycalculation.com/physics/electromagnetism/faraday-law-of-induction.php

https://isaacphysics.org/concepts/cp_faradays_law?stage=all

Investigar em Softwares de Calculadora da Lei de Faraday e sua instalação em 5 diferentes softwares/aplicações, usando uma combinação dos seguintes métodos:

i.   Descarregue versões gratuitas de tais Softwares de Calculadora da Lei de Faraday Moderna e execute-os localmente no seu portátil/computador.

ii.   Descarregue versões gratuitas de tais softwares de calculadora da Lei de Faraday moderna e execute-os localmente no seu smartphone/tablet.

Este exercício irá formar os alunos na utilização destes programas informáticos de cálculo da lei de Faraday moderna e das opções disponíveis, bem como introduzi-los na nova era dos programas informáticos de cálculo da lei de Faraday moderna em smartphones e tablets. Um pequeno apêndice de diferentes softwares de calculadora da Lei de Faraday moderna também é abordado aqui. Estes podem ser necessários mais tarde durante o seu curso, carreira e investigação. Também pode servir como um estudo preliminar para aprender softwares mais avançados/licenciados de Calculadoras da Lei de Faraday. Os resultados devem ser demonstrados ao professor antes de serem entregues. A apresentação pode ser feita em papel ou em suporte informático. Seguir as instruções subsequentes, incluindo os prazos relevantes, dadas pelo professor. Os resultados esperados incluem um relatório em docx/pdf, em bom formato, contendo o seguinte:

i. Uma ficha de síntese do trabalho corretamente concebida e preenchida.

ii. Os dados do computador/laptop em que serão instalados os programas informáticos Calculadora da Lei de Faraday Moderna ou em que serão acedidas as versões online do programa.

iii. Os softwares gratuitos Modern Faraday's Law Calculator descarregados e os seus detalhes, incluindo os detalhes de instalação.

iv. Relatório de execução dos programas gratuitos Calculadora da Lei de Faraday Moderna, com cenários de demonstração dos dados introduzidos e dos resultados obtidos, eventuais pormenores sobre o nível de sucesso alcançado, etc., em cada um dos programas Calculadora da Lei de Faraday Moderna descarregados.

v. Uma análise sucessiva dos diferentes Softwares de Calculadora da Lei de Faraday Moderna e qual deles você considera ser o melhor como o software livre para laptop/computador.

vi. Os detalhes do smartphone/tablet no qual o software Modern Faraday's Law Calculator será instalado.

vii. Relatório de execução desses softwares de calculadora da lei de Faraday moderna em smartphones/tablets, com cenários de demonstração de entrada fornecida e saída alcançada, possíveis detalhes sobre o nível de sucesso alcançado, etc. em cada um dos softwares de calculadora da lei de Faraday moderna.

viii. Uma análise sucessiva dos diferentes Softwares Modernos de Calculadora da Lei de Faraday e qual deles você considera ser o melhor suporte para smartphones/tablets.

ix.   Um capítulo de conclusões exaustivo.

x.   Referências em causa.

xi.   Secção "Apêndice" que tem basicamente 3 partes: a primeira parte é sobre a atribuição de tarefas no grupo, a segunda parte é sobre o agendamento das tarefas e a terceira parte é sobre as notas de supervisão da reunião e as orientações aí fornecidas.

1.3 Tarefa 3: Lei de Gauss Softwares de cálculo.

Recomendação: a realizar em grupos de 2 alunos

Tempo prático sugerido - cerca de 6 horas

Pode consultar os seguintes sítios e outras fontes:

https://www.omnicalculator.com/physics/gauss-law

https://www.fxsolver.com/browse/formulas/Gauss%27s+law

https://calculatorsbag.com/calculators/physics/gauss-s-law

https://www.sciencecalculators.org/electricity-magnetism/gauss-law/

https://www.wired.com/2013/11/numerical-calculations-with-guasss-law/

https://www.youtube.com/watch?v=Bbwzix2UfOU

https://www.calctool.org/electromagnetism/gauss-law

http://hyperphysics.phy-astr.gsu.edu/hbase/electric/gaulaw.html

https://phys.libretexts.org/Bookshelves/University_Physics/Calculus-Based_Physics_(Schnick)/Volume_B%3A_Electricity_Magnetism_and_Optics/B33%3A_Gausss_Law

https://www.calculatored.com/electric-flux-calculator

https://phys.libretexts.org/Bookshelves/University_Physics/University_Physics_(OpenStax)/Book%3A_University_Physics_II_-_Thermodynamics_Electricity_and_Magnetism_(OpenStax)/06%3A_Gauss's_Law/6.03%3A_Explaining_Gausss_Law

https://getcalc.com/physics-gauss-law-calculator.htm

https://howtomechatronics.com/learn/electric-flux-gausss-law/

https://physics.stackexchange.com/questions/540603/using-gausss-law-to-calculate-flux

https://www.physicsforums.com/threads/using-gauss-law-to-calculate-electric-field-near-rod.927274/

Investigar em Software de cálculo da lei de Gauss e a sua instalação em 5 software/aplicações diferentes, utilizando uma combinação dos seguintes métodos

i. Descarregue versões gratuitas destas calculadoras modernas de Lei de Gauss e execute-as localmente no seu portátil/computador.

ii. Descarregue versões gratuitas de tais softwares de calculadora de Lei de Gauss moderna e execute-os localmente no seu smartphone/tablet.

Este exercício irá formar os alunos na utilização destes softwares de calculadora da lei de Gauss moderna e nas opções disponíveis e apresentá-los à nova era destes softwares de calculadora da lei de Gauss moderna em smartphones e tablets. Um pequeno apercu de diferentes softwares de calculadora da Lei de Gauss moderna também é abordado aqui. Estes podem ser necessários mais tarde durante o seu curso, carreira e investigação. Pode também servir como um estudo preliminar para a aprendizagem de softwares mais avançados/licenciados de Calculadoras da Lei de Gauss. Os resultados devem ser demonstrados ao professor, antes de serem submetidos. A entrega pode ser feita em papel ou em suporte informático online. Siga as instruções subsequentes, incluindo os prazos relevantes, dadas pelo professor. Os resultados esperados incluem um relatório em docx/pdf, em bom formato, contendo o seguinte:

i. Uma ficha de síntese do trabalho corretamente concebida e preenchida.

ii. Os dados do computador/laptop onde serão instaladas as calculadoras modernas da Lei de Gauss ou onde serão acedidas as versões online do software.

iii. Os softwares gratuitos para download do Modern Gauss's Law Calculator e seus detalhes, incluindo detalhes de instalação.

iv. Relatório de execução dos softwares gratuitos e modernos de cálculo da lei de Gauss, com cenários de demonstração de entrada fornecida e saída alcançada, possíveis detalhes sobre o nível de sucesso alcançado etc. em cada software de cálculo da lei de Gauss.

v. Uma análise sucessiva dos diferentes softwares de calculadora da Lei de Gauss moderna e qual deles você considera ser o melhor como software livre para laptop/computador.

vi.   Os detalhes do smartphone/tablet no qual o software Modern Gauss's Law Calculator será instalado.

vii.   Relatório de execução desses softwares modernos de calculadora da lei de Gauss em smartphones/tablets, com cenários de demonstração de entrada fornecida e saída alcançada, possíveis detalhes sobre o nível de sucesso alcançado, etc. em cada calculadora da lei de Gauss.

viii.   Uma análise sucessiva dos diferentes softwares modernos de calculadora da Lei de Gauss e qual deles considera ser o melhor suporte para smartphones/tablets.

ix.   Um capítulo de conclusões exaustivo.

x.   Referências em causa.

xi.   Secção "Apêndice" que tem basicamente 3 partes: a primeira parte é sobre a atribuição de tarefas no grupo, a segunda parte é sobre o agendamento das tarefas e a terceira parte é sobre as notas de supervisão da reunião e as orientações aí fornecidas.

1.4 Tarefa 4: Softwares de cálculo de força de Lorentz.

Recomendação: a realizar em grupos de 2 alunos

Duração prática sugerida - cerca de 6 horas

Pode consultar os seguintes sítios e outras fontes:

https://www.omnicalculator.com/physics/lorentz-force

https://www.allaboutcircuits.com/tools/lorentz-force-calculator/

https://www.omnicalculator.com/physics/magnetic-force-on-current-carrying-wire

https://www.calctool.org/electromagnetism/lorentz-force

https://calculator.dev/physics/lorentz-force-calculator/

https://apps.apple.com/us/app/lorentz-force-calculator/id1422587699

https://www.fxsolver.com/browse/formulas/Lorentz+force

https://space.mit.edu/RADIO/CST_online/mergedProjects/3D/special_postpr/spec ial_postpr_lorentz_force_calculation.htm

https://www.britannica.com/science/Lorentz-force

https://isaacphysics.org/concepts/cp_lorentz_force?stage=all

https://newtum.com/calculators/physics/lorentz-force-calculator

https://www.youtube.com/watch?v=k-uiEhPy63E

https://calculator.academy/lorentz-force-calculator-w-angle/

https://apps.apple.com/nz/app/lorentz-force-calculator/id1422587699

http://www.wikicalculator.com/formula_calculator/Electromagnetic-force(Lorentz-force)-443.htm

https://owlcalculator.com/physics/lorentz-force

https://www.calculatoratoz.com/en/magnetic-force-by-lorentz-force-equation-calculator/Calc-43362

https://www.148apps.com/app/1422587699/

https://www.appbrain.com/appstore/lorentz-force-calculator/ios-1422587699

https://appadvice.com/app/lorentzcalc/6475753438

Investigue em Lorentz Force Calculator Softwares e sua instalação em 5 diferentes softwares / aplicativos, usando uma combinação dos seguintes métodos:

i.   Baixe versões gratuitas desses softwares Modern Lorentz Force Calculator e execute-os localmente em seu laptop/computador.

ii.   Baixe versões gratuitas desses softwares Modern Lorentz Force Calculator e execute-os localmente em seu smartphone/tablet.

Este exercício irá formar os alunos na utilização de Softwares de Calculadoras de Forças de Lorentz Modernas e suas opções disponíveis e apresentá-los à nova era de Softwares de Calculadoras de Forças de Lorentz Modernas em smartphones e tablets. Um pequeno apercu de diferentes Softwares de Calculadora de Força de Lorentz Moderna também é abordado aqui. Estes podem ser necessários mais tarde durante o seu curso, carreira e investigação. Também pode servir como um estudo preliminar para aprender softwares mais avançados/licenciados de Calculadora de Força de Lorentz Moderna. Os resultados devem ser demonstrados ao professor antes de serem submetidos. A entrega pode ser feita em papel ou em versão eletrónica. Seguir as instruções subsequentes, incluindo os prazos relevantes, dadas pelo professor. Os resultados esperados incluem um relatório em docx/pdf, em bom formato, contendo o seguinte:

i.   Uma ficha de síntese do trabalho corretamente concebida e preenchida.

ii.   Os dados do computador/laptop em que serão instaladas as calculadoras modernas de forças de Lorentz ou em que serão acedidas as versões em linha.

iii. Os softwares gratuitos Modern Lorentz Force Calculator baixados e seus detalhes, incluindo detalhes de instalação.

iv. Relatório de execução dos softwares gratuitos Modern Lorentz Force Calculator, com cenários de demonstração de entrada fornecida e saída alcançada, possíveis detalhes sobre o nível de sucesso alcançado etc. em cada software Modern Lorentz Force Calculator.

v. Uma análise sucessiva dos diferentes Softwares de Calculadora de Força de Lorentz Moderna e qual deles você considera ser o melhor como o software livre para laptop / computador.

vi. Os detalhes do smartphone/tablet no qual o software Modern Lorentz Force Calculator será instalado.

vii. Relatório da execução destas calculadoras modernas de forças de Lorentz em telemóveis/tablets, com cenários de demonstração dos dados fornecidos e dos resultados obtidos, possíveis pormenores sobre o nível de sucesso alcançado, etc., em cada calculadora de forças de Lorentz.

viii. Uma análise sucessiva dos diferentes Softwares Modernos de Calculadora de Força de Lorentz e qual deles você considera ser o melhor suporte para smartphones/tablets.

ix. Um capítulo de conclusões exaustivo.

x. Referências em causa.

xi. Secção "Apêndice" que tem basicamente 3 partes: a primeira parte é sobre a atribuição de tarefas no grupo, a segunda parte é sobre o agendamento das tarefas e a terceira parte é sobre as notas de supervisão da reunião e as orientações aí fornecidas.

Secção 2: Forças no eletromagnetismo.

2.1   Tarefa 5: Força magnética entre fios condutores de corrente Softwares de cálculo.

Recomendação: a realizar em grupos de 2 alunos

Tempo prático sugerido - cerca de 6 horas

Pode consultar os seguintes sítios e outras fontes:

https://www.omnicalculator.com/physics/magnetic-force-between-wires

https://www.omnicalculator.com/physics/magnetic-force-on-current-carrying-wire

https://www.calctool.org/electromagnetism/magnetic-force-on-current-carrying-wire

https://www.calctool.org/electromagnetism/magnetic-force-between-wires

https://www.geogebra.org/m/JSrCbknr

https://physicscalc.com/physics/magnetic-force-on-current-carrying-wire-calculator/

https://phys.libretexts.org/Bookshelves/University_Physics/University_Physics_(OpenStax)/Book%3A_University_Physics_II_-_Thermodynamics_Electricity_and_Magnetism_(OpenStax)/11%3A_Magnetic_Forces_and_Fields/11.05%3A_Magnetic_Force_on_a_Current-Carrying_Conductor

https://pressbooks.bccampus.ca/collegephysics/chapter/magnetic-force-on-a-current-carrying-conductor/

https://www.electrical4u.net/calculator/magnetic-force-between-current-carrying-wires-calculator-formula/

https://phys.libretexts.org/Bookshelves/Electricity_and_Magnetism/Electromagnetics_II_(Ellingson)/02%3A_Magnetostatics_Redux/2.02%3A_Magnetic_Force_on_a_Current-Carriing_Wire

https://physicscalc.com/physics/magnetic-force-between-current-carrying-wires-calculator/

https://www.studysmarter.co.uk/explanations/physics/magnetism-and-electromagnetic-induction/magnetic-field-of-a-current-carrying-wire/

https://www.khanacademy.org/science/electromagnetism/x4352f0cb3cc997f5:wh
y-are-magnets-magnetic-and-why-are-other-things-not/x4352f0cb3cc997f5:force-
between-two-wires-defining-a-fundamental-unit/v/force-between-two-parallel-
current-wires
https://apps.apple.com/id/app/magnetic-force-between-wires-c/id1424843445
https://www.calculatoratoz.com/en/force-between-parallel-wires-calculator/Calc-
2131
https://www.eeweb.com/tools/magnetic-field-calculator/
https://www.youtube.com/watch?v=uxEB8xLrbCA
https://www.geeksforgeeks.org/force-between-parallel-current-carrying-
conductors/

Investigar em Força magnética entre fios condutores de corrente Software de cálculo e sua instalação em 5 diferentes softwares / aplicativos, usando uma combinação dos seguintes métodos:

    i.   Descarregue versões gratuitas de tais Modern Magnetic Force Between Current-Carrying Wires Calculator Softwares e execute-os localmente no seu portátil/computador.

    ii.   Baixe versões gratuitas desses softwares Modern Magnetic Force Between Current-Carrying Wires Calculator e execute-os localmente em seu smartphone/tablet.

Este exercício irá formar os alunos na utilização de tais Softwares de Calculadora de Força Magnética Moderna entre Fios Portadores de Corrente e suas opções disponíveis e apresentá-los à nova era de tais Softwares de Calculadora de Força Magnética Moderna entre Fios Portadores de Corrente em smartphones e tablets. Um pequeno apêndice de diferentes softwares de calculadora de força magnética moderna entre fios condutores de corrente também é abordado aqui. Estes podem ser necessários mais tarde durante o seu curso, carreira e investigação. Também pode servir como um estudo preliminar para aprender mais sobre os softwares mais avançados/licenciados de Modern Magnetic Force Between Current-Carrying Wires Calculator. Os resultados devem ser demonstrados ao professor, antes da entrega. A submissão pode ser feita em papel ou em versão eletrónica. Seguir as instruções subsequentes, incluindo os prazos relevantes, dadas pelo professor. Os resultados esperados incluem um relatório em docx/pdf, em bom formato, contendo o seguinte:

i.   Uma ficha de síntese do trabalho corretamente concebida e preenchida.

ii.   Os detalhes do computador/laptop no qual o software Modern Magnetic Force Between Current-Carrying Wires Calculator será instalado ou as versões online do software serão acedidas.

iii.   Os softwares gratuitos Modern Magnetic Force Between Current-Carrying Wires Calculator baixados e seus detalhes, incluindo detalhes de instalação.

iv.   Relatório de execução dos softwares gratuitos Modern Magnetic Force Between Current-Carrying Wires Calculator, com cenários de demonstração de entrada fornecida e saída alcançada, possíveis detalhes sobre o nível de sucesso alcançado etc. em cada software Modern Magnetic Force Between Current-Carrying Wires Calculator.

v.   Uma análise sucessiva dos diferentes Modern Magnetic Force Between Current-Carrying Wires Calculator Softwares e qual deles você considera o melhor como o software livre para laptop / computador.

vi.   Os detalhes do smartphone/tablet no qual o software Modern Magnetic Force Between Current-Carrying Wires Calculator será instalado.

vii.   Relatório de execução desses softwares Modern Magnetic Force Between Current-Carrying Wires Calculator em smartphones / tablets, com cenários de demonstração de entrada fornecida e saída alcançada, possíveis detalhes sobre o nível de sucesso alcançado, etc. em cada Modern Magnetic Force Between Current-Carrying Wires Calculator.

viii.   Uma análise sucessiva dos diferentes Modern Magnetic Force Between Current-Carrying Wires Calculator Softwares e qual deles você considera o melhor suporte para smartphones / tablets.

ix.   Um capítulo de conclusões exaustivo.

x.   Referências em causa.

xi.   Secção "Apêndice" que tem basicamente 3 partes: a primeira parte é sobre a atribuição de tarefas no grupo, a segunda parte é sobre o agendamento das tarefas e a terceira parte é sobre as notas de supervisão da reunião e as orientações aí fornecidas.

2.2   Tarefa 6: Força magnética num fio condutor de corrente Softwares de cálculo.

Recomendação: a realizar em grupos de 2 alunos

Duração prática sugerida - cerca de 6 horas

Pode consultar os seguintes sítios e outras fontes:

https://www.omnicalculator.com/physics/magnetic-force-on-current-carrying-wire
https://www.calctool.org/electromagnetism/magnetic-force-on-current-carrying-wire
http://hyperphysics.phy-astr.gsu.edu/hbase/magnetic/forwir2.html
https://phys.libretexts.org/Bookshelves/University_Physics/University_Physics_(OpenStax)/Book%3A_University_Physics_II_-_Thermodynamics_Electricity_and_Magnetism_(OpenStax)/11%3A_Magnetic_Forces_and_Fields/11.05%3A_Magnetic_Force_on_a_Current-Carrying_Conductor
https://physicscalc.com/physics/magnetic-force-on-current-carrying-wire-calculator/
https://www.khanacademy.org/science/physics/magnetic-forces-and-magnetic-fields/magnets-magnetic/v/magnetism-5
https://courses.lumenlearning.com/suny-physics/chapter/22-7-magnetic-force-on-a-current-carrying-conductor/
https://www.youtube.com/watch?v=V5msn5UR_4s
https://pressbooks.online.ucf.edu/osuniversityphysics2/chapter/magnetic-force-on-a-current-carrying-conductor/
https://openstax.org/books/college-physics-2e/pages/22-7-magnetic-force-on-a-current-carrying-conductor
https://www.youtube.com/watch?v=nv28Cp-ILJ0
https://phys.libretexts.org/Bookshelves/Electricity_and_Magnetism/Electromagnetics_II_(Ellingson)/02%3A_Magnetostatics_Redux/2.02%3A_Magnetic_Force_on_a_Current-Carriing_Wire
https://www.savemyexams.com/a-level/physics/ocr/17/revision-notes/6-particles--medical-physics/6-5-magnetic-fields/6-5-4-force-on-a-current-carrying-conductor/
https://www.vaia.com/en-us/explanations/physics/magnetism-and-electromagnetic-induction/magnetic-field-of-a-current-carrying-wire/
https://www.geeksforgeeks.org/magnetic-force-on-a-current-carrying-wire/
https://apps.apple.com/us/app/electromagnetic-force-on-wire/id1430684985

https://pressbooks.online.ucf.edu/phy2053bc/chapter/magnetic-force-on-a-current-carrying-conductor/

https://www.savemyexams.com/dp/physics/sl/25/revision-notes/fields/motion-in-electromagnetic-fields/magnetic-force-on-a-current-carrying-conductor/

https://www.learningaboutelectronics.com/Articles/Magnetic-force-calculator.php

https://www.calculatorultra.com/en/tool/magnetic-field-of-current-carrying-straight-conductor-calculator.html

https://isaacphysics.org/concepts/cp_magnetic_field?stage=all

https://eepower.com/technical-articles/calculating-force-on-current-carrying-conductors/

https://panchbhaya.weebly.com/uploads/1/3/7/0/13701351/phys12_c08_8_3.pdf

Investigar em Softwares de cálculo de força magnética num fio condutor de corrente e sua instalação em mais de 5 softwares/aplicações diferentes, usando uma combinação dos seguintes métodos:

i. Descarregue versões gratuitas de tais Modern Magnetic Force on a Current-Carrying Wire Calculator Softwares e execute-os localmente no seu portátil/computador.

ii. Descarregue versões gratuitas de Modern Magnetic Force on a Current-Carrying Wire Calculator Softwares e execute-os localmente no seu smartphone/tablet.

Este exercício irá formar os alunos na utilização de tais Softwares de Calculadora de Força Magnética Moderna num Fio Condutor de Corrente e suas opções disponíveis e apresentá-los à nova era de tais Softwares de Calculadora de Força Magnética Moderna num Fio Condutor de Corrente em smartphones e tablets. Um pequeno apêndice de diferentes softwares de calculadora de força magnética moderna num fio condutor de corrente também é abordado aqui. Estes podem ser necessários mais tarde durante o seu curso, carreira e investigação. Também pode servir como um estudo preliminar para aprender mais sobre os softwares mais avançados/licenciados de Modern Magnetic Force on a Current-Carrying Calculator. Os resultados devem ser demonstrados ao professor antes de serem entregues. A submissão pode ser feita em papel ou em versão eletrónica. Seguir as instruções subsequentes, incluindo os prazos relevantes, dadas pelo professor. Os resultados esperados incluem um relatório em docx/pdf, em bom formato, contendo o seguinte:

i.   Uma ficha de síntese do trabalho corretamente concebida e preenchida.

ii.   Os dados do computador/laptop no qual será instalado o software "Modern Magnetic Force on a Current-Carrying Wire Calculator" ou onde serão acedidas as versões online do software.

iii. Os softwares gratuitos Modern Magnetic Force on a Current-Carrying Wire Calculator baixados e seus detalhes, incluindo detalhes de instalação.

iv.   Relatório de execução dos softwares gratuitos Modern Magnetic Force on a Current-Carrying Wire Calculator, com cenários de demonstração de entrada fornecida e saída alcançada, possíveis detalhes sobre o nível de sucesso alcançado etc. em cada Modern Magnetic Force on a Current-Carrying Wire Calculator Software.

v.   Uma análise sucessiva dos diferentes Modern Magnetic Force on a Current-Carrying Wire Calculator Softwares e qual deles você considera ser o melhor como o software livre para laptop / computador.

vi.   Os detalhes do smartphone/tablet no qual o software Modern Magnetic Force on a Current-Carrying Wire Calculator será instalado.

vii. Relatório de execução desses softwares de calculadora de força magnética moderna num fio condutor de corrente em smartphones/tablets, com cenários de demonstração de entrada fornecida e saída alcançada, possíveis detalhes sobre o nível de sucesso alcançado, etc. em cada software de calculadora de força magnética moderna num fio condutor de corrente.

viii. Uma análise sucessiva dos diferentes Modern Magnetic Force on a Current-Carrying Wire Calculator Softwares e qual deles você considera ser o melhor suporte para smartphones / tablets.

ix.   Um capítulo de conclusões exaustivo.

x.   Referências em causa.

xi.   Secção "Apêndice" que tem basicamente 3 partes: a primeira parte é sobre a atribuição de tarefas no grupo, a segunda parte é sobre o agendamento das tarefas e a terceira parte é sobre as notas de supervisão da reunião e as orientações aí fornecidas.

2.3   Tarefa 7: Software de cálculo do coeficiente de Hall.

Recomendação: a realizar em grupos de 2 alunos

Duração prática sugerida - cerca de 6 horas

Pode consultar os seguintes sítios e outras fontes:

https://www.omnicalculator.com/physics/hall-coefficient

https://calculator.academy/hall-coefficient-calculator/

https://physicscalc.com/physics/hall-coefficient-calculator/

https://www.physicsforums.com/threads/calculating-the-hall-coefficient-for-a-sample-of-germanium.833627/

https://newtum.com/calculators/physics/hall-coefficient-calculator

https://www.calculatoratoz.com/en/hall-coefficient-calculator/Calc-23103

https://iopscience.iop.org/article/10.1088/0305-4608/13/2/014/pdf

https://www.calctool.org/electromagnetism/hall-coefficient

https://www.calculatorultra.com/en/tool/hall-coefficient-calculator.html

https://www.efunda.com/units//show_units.cfm?Alfa=no&String1=Hall%20coefficient&String2=Hall%20coefficient

https://www.fxsolver.com/browse/formulas/Hall+coeficiente

https://www.cnblogs.com/ch3cooh/p/hall_coefficient.html

https://www.researchgate.net/figure/Reciprocal-Hall-Effect-Calculator-This-program-shows-in-red-the-electron-velocity_fig3_314899020

https://studyx.ai/homework/100202718-30-the-hall-effect-can-be-used-to-calculate-the-charge-carrier-number-density-in-a

https://www.scribd.com/doc/27125463/Hall-Effect-and-Measurement-of-Hall-Coefficient

https://www.maths.tcd.ie/~robinson/labs/hall_effect.pdf

https://apkcombo.com/hall-voltage-calculator/com.hiox.hall_voltage_calculator/

https://www.rug.nl/research/zernike/education/topmasternanoscience/ns201wojtaszek.pdf

Investigar em Hall Coefficient Calculator Softwares e sua instalação em 5 diferentes softwares/apps, usando uma combinação dos seguintes métodos:

i. Descarregue versões gratuitas de tais Softwares de Calculadora de Coeficiente Hall Moderno e execute-os localmente no seu portátil/computador.

ii. Descarregue versões gratuitas de tais softwares de calculadora de coeficiente Hall moderno e execute-os localmente no seu smartphone/tablet.

Este exercício irá formar os alunos na utilização destes softwares de cálculo do coeficiente de Hall moderno e das opções disponíveis, bem como introduzi-los na nova era dos softwares de cálculo do coeficiente de Hall moderno em smartphones e tablets. Um pequeno apêndice de diferentes softwares de calculadoras modernas de coeficientes de Hall também é abordado aqui. Estes podem ser necessários mais tarde durante o seu curso, carreira e investigação. Também pode servir como um estudo preliminar para aprender softwares mais avançados/licenciados de Calculadora de Coeficiente de Hall Moderna. Os resultados devem ser demonstrados ao professor antes de serem entregues. A entrega pode ser efectuada em papel ou em suporte informático. Siga as instruções subsequentes, incluindo os prazos relevantes, dadas pelo professor. Os resultados esperados incluem um relatório em docx/pdf, em bom formato, contendo o seguinte:

i. Uma ficha de síntese do trabalho corretamente concebida e preenchida.

ii. Os dados do computador/laptop em que será instalado o software de cálculo do coeficiente de Hall moderno ou em que será acedida a versão online do software.

iii. Os softwares gratuitos Modern Hall Coefficient Calculator baixados e seus detalhes, incluindo detalhes de instalação.

iv. Relatório de execução dos programas gratuitos Modern Hall Coefficient Calculator, com cenários de demonstração dos dados introduzidos e dos resultados obtidos, eventuais pormenores sobre o nível de sucesso alcançado, etc., em cada um dos programas Modern Hall Coefficient Calculator descarregados.

v. Uma análise sucessiva dos diferentes Softwares de Calculadora de Coeficiente Hall Moderno e qual deles você considera ser o melhor como o software livre para laptop/computador.

vi. Os detalhes do smartphone/tablet no qual o software Modern Hall Coefficient Calculator será instalado.

vii. Relatório de execução desses softwares de calculadora de coeficiente Hall moderno em smartphones/tablets, com cenários de demonstração de entrada fornecida e saída alcançada, possíveis detalhes sobre o nível de sucesso alcançado, etc. em cada um dos softwares de calculadora de coeficiente Hall moderno.

viii. Uma análise sucessiva dos diferentes Softwares Modernos de Calculadora de Coeficiente Hall e qual deles você considera ser o melhor suporte para smartphones/tablets.

ix. Um capítulo de conclusões exaustivo.

x. Referências em causa.

xi. Secção "Apêndice" que tem basicamente 3 partes: a primeira parte é sobre a atribuição de tarefas no grupo, a segunda parte é sobre o agendamento das tarefas e a terceira parte é sobre as notas de supervisão da reunião e as orientações aí fornecidas.

Secção 3: Métricas do eletromagnetismo.

3.1 Tarefa 8: Softwares de cálculo de campo elétrico.

Recomendação: a realizar em grupos de 2 alunos

Duração prática sugerida - cerca de 6 horas

Pode consultar os seguintes sítios e outras fontes:

https://www.omnicalculator.com/physics/electric-field-of-a-point-charge

https://byjus.com/electric-field-calculator/

https://sciencecalculators.com/Physics/ElectricField/calculator.html

https://anthrobiosnexus.com/e-field-calculator/

https://www.omnicalculator.com/physics/acceleration-of-particle-in-electric-field

https://newtum.com/calculators/physics/electric-field-calculator

https://study.com/learn/lesson/electric-field-formula-magnitude.html

https://calculator-online.net/electric-field-calculator/

https://calculator.academy/electric-field-calculator/

https://calculator.dev/physics/electric-field-calculator/

https://apps.apple.com/us/app/electric-field-calculator/id1427198619

https://www.learningaboutelectronics.com/Articles/Electric-field-calculator.php

https://www.geogebra.org/m/MAsvESCX

https://calculator.academy/charge-force-calculator/

https://www.infoscitechg.com/product-page/tmm-program

https://www.mathworks.com/matlabcentral/answers/1672359-calculation-of-electric-field-for-the-given-two-point-charges

https://calculator.swiftutors.com/electric-field-calculator.html

https://getcalc.com/physics-electric-field-calculator.htm

https://vrcacademy.com/calculator/electric-field-line-charge-calculator/

https://www.rfwireless-world.com/calculators/Electric-and-magnetic-Field-Strength-calculator.html

https://www.calculatoratoz.com/en/electric-field-calculator/Calc-431

https://blog.truegeometry.com/calculators/calculate_electric_field_calculation.html

https://www.teacherspayteachers.com/Product/Electric-Field-Calculator-5209478

https://calcverter.blogspot.com/2012/12/electric-field-calculator-strength.html

https://www.physicsforums.com/threads/electric-field-calculation-square-wire.905587/

https://appadvice.com/app/electric-field-calculator/1427198619

Investigar em Softwares de Calculadora de Campo Elétrico e a sua instalação em mais de 5 softwares/aplicações diferentes, utilizando uma combinação dos seguintes métodos

i.   Descarregue versões gratuitas de tais Softwares Calculadora de Campo Elétrico Moderno e execute-os localmente no seu portátil/computador.

ii.   Descarregue versões gratuitas destes softwares Modern Electric Field Calculator e execute-os localmente no seu smartphone/tablet.

Este exercício irá formar os alunos na utilização de Softwares de Calculadoras de Campo Elétrico Modernas e suas opções disponíveis e apresentá-los à nova era de Softwares de Calculadoras de Campo Elétrico Modernas em smartphones e tablets. Um pequeno apêndice de diferentes softwares de calculadoras modernas de campo elétrico também é abordado aqui. Estes podem ser necessários mais tarde durante o seu curso, carreira e investigação. Também pode servir como um estudo preliminar para aprender softwares mais avançados/licenciados de Calculadoras de Campo Elétrico Modernas. Os resultados devem ser demonstrados ao professor antes de serem entregues. A entrega pode ser efectuada em papel ou em suporte informático online. Seguir as instruções subsequentes, incluindo os prazos relevantes, dadas pelo professor. Os resultados esperados incluem um relatório em docx/pdf, em bom formato, contendo o seguinte:

i.   Uma ficha de síntese do trabalho corretamente concebida e preenchida.

ii.   Os dados do computador/laptop em que serão instalados os programas informáticos Calculadora de campos eléctricos modernos ou em que serão acedidas as versões em linha.

iii.   Os softwares gratuitos Modern Electric Field Calculator descarregados e os seus detalhes, incluindo os detalhes de instalação.

iv.   Relatório de execução dos programas gratuitos Calculadora de campos eléctricos modernos, com cenários de demonstração dos dados introduzidos e dos resultados obtidos, eventuais pormenores sobre o nível de sucesso alcançado, etc., em cada programa Calculadora de campos eléctricos modernos.

v. Uma análise sucessiva dos diferentes Softwares de Calculadora de Campo Elétrico Moderno e qual deles você considera ser o melhor como o software livre para laptop/computador.

vi. Os detalhes do smartphone/tablet no qual o software Modern Electric Field Calculator será instalado.

vii. Relatório de execução dessas calculadoras modernas de campos eléctricos em telemóveis/tablets, com cenários de demonstração dos dados fornecidos e dos resultados obtidos, possíveis pormenores sobre o nível de sucesso alcançado, etc., em cada calculadora moderna de campos eléctricos.

viii. Uma análise sucessiva dos diferentes Softwares Modernos de Calculadora de Campo Elétrico e qual deles você considera ser o melhor suporte para smartphones/tablets.

ix. Um capítulo de conclusões exaustivo.

x. Referências em causa.

xi. Secção "Apêndice" que tem basicamente 3 partes: a primeira parte é sobre a atribuição de tarefas no grupo, a segunda parte é sobre o agendamento das tarefas e a terceira parte é sobre as notas de supervisão da reunião e as orientações aí fornecidas.

3.2 Tarefa 9: Software de cálculo do potencial elétrico.

Recomendação: a realizar em grupos de 2 alunos

Tempo prático sugerido - cerca de 6 horas

Pode consultar os seguintes sítios e outras fontes:

https://www.omnicalculator.com/physics/electric-potential

https://calculator-online.net/electric-potential-calculator/

https://calculator.academy/electrostatic-potential-energy-calculator/

https://pureaqua.com/electric-potential-calculator/

https://phys.libretexts.org/Bookshelves/University_Physics/University_Physics_(
OpenStax)/Book%3A_University_Physics_II_-
_Thermodynamics_Electricity_and_Magnetism_(OpenStax)/07%3A_Electric_Pot
ential/7.04%3A_Calculations_of_Electric_Potential

https://engineering.icalculator.com/electric-potential-energy-calculator.html

https://www.calculatored.com/electric-potential-calculator

https://calculator.academy/electric-potential-calculator/
https://dipslab.com/electric-potential-calculator/
https://www.learningaboutelectronics.com/Articles/Electric-potential-energy-calculator.php
https://calculator.dev/physics/electric-potential-calculator/
https://www.easyunitconverter.com/electric-potential-calculator
https://www.khanacademy.org/science/physics/electric-charge-electric-force-and-voltage/electric-potential-voltage/v/electric-potential-charge-configuration
https://www.fxsolver.com/browse/formulas/Electric+potencial+%28ponto+de+carga%29
https://byjus.com/jee/dimensions-of-electric-potential/
http://hyperphysics.phy-astr.gsu.edu/hbase/electric/mulpoi.html

Investigar em Softwares de Calculadora de Potencial Elétrico e sua instalação em 5 diferentes softwares/aplicações, usando uma combinação dos seguintes métodos:

i. Descarregue versões gratuitas de tais Softwares de Calculadora de Potencial Elétrico Moderno e execute-os localmente no seu portátil/computador.

ii. Descarregue versões gratuitas destes softwares Modern Electric Potential Calculator e execute-os localmente no seu smartphone/tablet.

Este exercício irá formar os alunos na utilização de Softwares de Calculadoras de Potencial Elétrico Moderno e suas opções disponíveis e apresentá-los à nova era de Softwares de Calculadoras de Potencial Elétrico Moderno em smartphones e tablets. Um pequeno apêndice de diferentes Softwares de Calculadoras de Potencial Elétrico Moderno também é abordado aqui. Estes podem ser necessários mais tarde durante o seu curso, carreira e investigação. Também pode servir como um estudo preliminar para aprender softwares mais avançados/licenciados de Calculadoras de Potencial Elétrico Moderno. Os resultados devem ser demonstrados ao professor antes de serem entregues. A entrega pode ser feita em papel ou em suporte eletrónico. Seguir as instruções subsequentes, incluindo os prazos relevantes, dadas pelo professor. Os resultados esperados incluem um relatório em docx/pdf, em bom formato, contendo o seguinte:

i. Uma ficha de síntese do trabalho corretamente concebida e preenchida.

ii.   Os dados do computador/laptop em que serão instalados os programas informáticos Calculadora de Potencial Elétrico Moderno ou em que serão acedidas as versões em linha.

iii. Os softwares gratuitos Modern Electric Potential Calculator baixados e seus detalhes, incluindo detalhes de instalação.

iv.   Relatório de execução dos programas gratuitos Calculadora de Potencial Elétrico Moderno, com cenários de demonstração dos dados introduzidos e dos resultados obtidos, eventuais pormenores sobre o nível de sucesso alcançado, etc., em cada um dos programas Calculadora de Potencial Elétrico Moderno descarregados.

v.   Uma análise sucessiva dos diferentes Softwares de Calculadora de Potencial Elétrico Moderno e qual deles você considera ser o melhor como o software livre para laptop/computador.

vi.   Os detalhes do smartphone/tablet no qual o software Modern Electric Potential Calculator será instalado.

vii. Relatório de execução desses Softwares de Calculadora de Potencial Elétrico Moderno em smartphones/tablets, com cenários demonstrativos de entrada fornecida e saída alcançada, possíveis detalhes sobre o nível de sucesso alcançado, etc. em cada um dos Softwares de Calculadora de Potencial Elétrico Moderno.

viii. Uma análise sucessiva dos diferentes Softwares Modernos de Calculadora de Potencial Elétrico e qual deles você considera ser o melhor suporte para smartphones/tablets.

ix.   Um capítulo de conclusões exaustivo.

x.   Referências em causa.

xi.   Secção "Apêndice" que tem basicamente 3 partes: a primeira parte é sobre a atribuição de tarefas no grupo, a segunda parte é sobre o agendamento das tarefas e a terceira parte é sobre as notas de supervisão da reunião e as orientações aí fornecidas.

3.3 Tarefa 10: Softwares de cálculo de bobina helicoidal.

Recomendação: a realizar em grupos de 2 alunos

Duração prática sugerida - cerca de 6 horas

Pode consultar os seguintes sítios e outras fontes:

https://www.omnicalculator.com/physics/helical-coil

https://deepfriedneon.com/tesla_f_calchelix.html

https://www.changpuak.ch/electronics/calc_21.php

https://kaizerpowerelectronics.dk/calculators/helical-coil-calculator/

https://letsfab.in/online-calculators/pipe-coil-length-calculator/

https://www.calctool.org/electromagnetism/helical-coil

https://elecurls.tripod.com/hcc.htm

https://www.thespringstore.com/helical-compression-spring-design-calculator.html

https://www.dxzone.com/dx33582/online-helical-coil-calculator.html

https://coil32.net/online-calculators.html

https://kaizerpowerelectronics.dk/calculators/spiral-coil-calculator/

https://www.eng-tips.com/viewthread.cfm?qid=84668

https://www.engineersedge.com/calculators/spring_helix_wire_length_15660.htm

https://electronbunker.ca/eb/InductanceCalc.html

http://www.i1wqrlinkradio.com/antype/ch37/helical-coil-calculator.htm

https://in.pinterest.com/pin/327848047876507388/

https://www.softpedia.com/get/Science-CAD/Helical-Coil-Heat-Exchanger-Design.shtml

https://electronbunker.ca/eb/CalcMethods2c.html

https://letsfab.in/tag/helical-coil/

https://www.66pacific.com/calculators/coil-inductance-calculator.aspx

https://amesweb.info/Screws/helicoil-length-chart-calculator.aspx

Investigue em Helical Coil Calculator Softwares e sua instalação em 5 diferentes softwares / aplicativos, usando uma combinação dos seguintes métodos:

i. Descarregue versões gratuitas de tais Modern Helical Coil Calculator Softwares e execute-os localmente no seu computador portátil/computador.

ii. Descarregue versões gratuitas de tais Modern Helical Coil Calculator Softwares e execute-os localmente no seu smartphone/tablet.

Este exercício irá formar os alunos na utilização destes softwares de calculadora de bobinas helicoidais modernas e nas opções disponíveis e introduzi-los na nova era destes softwares de calculadora de bobinas helicoidais modernas em smartphones e tablets. Um pequeno apercu de diferentes softwares de calculadora de bobina helicoidal moderna também é abordado aqui. Estes podem ser necessários mais tarde durante o seu curso, carreira e investigação. Também pode servir como um estudo preliminar para aprender softwares mais avançados/licenciados de calculadoras de espirais helicoidais modernas. Os resultados devem ser demonstrados ao professor antes de serem entregues. A entrega pode ser feita em papel ou em suporte eletrónico. Seguir as instruções subsequentes, incluindo os prazos relevantes, dadas pelo professor. Os resultados esperados incluem um relatório em docx/pdf, em bom formato, contendo o seguinte:

i. Uma ficha de síntese do trabalho corretamente concebida e preenchida.

ii. Os dados do computador/laptop em que serão instalados os programas informáticos Modern Helical Coil Calculator ou em que serão acedidas as versões em linha.

iii. Os softwares gratuitos Modern Helical Coil Calculator descarregados e os seus detalhes, incluindo os detalhes de instalação.

iv. Relatório de execução dos programas gratuitos Calculadora de espirais helicoidais modernas, com cenários de demonstração dos dados introduzidos e dos resultados obtidos, eventuais pormenores sobre o nível de sucesso alcançado, etc., em cada programa Calculadora de espirais helicoidais modernas.

v. Uma análise sucessiva dos diferentes Softwares Modernos de Calculadora de Bobina Helicoidal e qual deles você considera ser o melhor como o software livre para laptop/computador.

vi. Os detalhes do smartphone/tablet no qual o software Modern Helical Coil Calculator será instalado.

vii. Relatório de execução desses softwares modernos de calculadora de bobina helicoidal em smartphones/tablets, com cenários de demonstração de entrada fornecida e saída alcançada, possíveis detalhes sobre o nível de sucesso alcançado, etc. em cada calculadora de bobina helicoidal.

viii. Uma análise sucessiva dos diferentes Softwares Modernos de Calculadora de Bobina Helicoidal e qual deles você considera ser o melhor suporte para smartphones/tablets.

ix. Um capítulo de conclusões exaustivo.

x.   Referências em causa.

xi.   Secção "Apêndice" que tem basicamente 3 partes: a primeira parte é
        sobre a atribuição de tarefas no grupo, a segunda parte é sobre o
        agendamento das tarefas e a terceira parte é sobre as notas de
        supervisão da reunião e as orientações aí fornecidas.

3.4 Tarefa 11: Software de cálculo da concentração de portadores intrínsecos.

Recomendação: a realizar em grupos de 2 alunos

Duração prática sugerida - cerca de 6 horas

Pode consultar os seguintes sítios e outras fontes:

https://www.omnicalculator.com/physics/intrinsic-carrier-concentration
https://www.pveducation.org/pvcdrom/pn-junctions/intrinsic-carrier-concentration
https://www.calctool.org/electromagnetism/intrinsic-carrier-concentration
https://www.calctown.com/calculators/intrinsic-carrier-concentration
http://www.stevesque.com/calculators/intrinsic-carrier-concentration/
https://www.electricity-magnetism.org/intrinsic-semiconductor-formula/
https://www.pveducation.org/calc/resistivity
https://studyx.ai/homework/100139174-calculate-the-intrinsic-carrier-concentration-n-i-at-t-200-400-and-600-k-for-a-silicor-b
https://www.calculatoratoz.com/en/intrinsic-concentration-calculator/Calc-2390
https://homework.study.com/explanation/calculate-the-intrinsic-carrier-concentration-ni-at-t-200-400-and-600-k-for-a-silicon-b-germanium-c-gallium-arsenide.html
https://www.youtube.com/watch?v=XmhI6e55vEQ
https://www.researchgate.net/post/How_to_calculate_intrinsic_carrier_concentration_in_GaP_for_following_data
https://www.universitywafer.com/intrinsic-carrier-concentration.html
https://pubs.aip.org/aip/jap/article-abstract/54/3/1639/169940/Calculation-of-intrinsic-carrier-concentration-in?redirectedFrom=fulltext
https://www.calculatoratoz.com/en/intrinsic-carrier-concentration-calculator/Calc-16692
https://onlinelibrary.wiley.com/doi/abs/10.1002/pssb.2221350161

http://galileo.phys.virginia.edu/classes/312/notes/carriers.pdf

https://www.chegg.com/homework-help/questions-and-answers/exercise-1-calculate-intrinsic-carrier-concentration-silicon-germanium-t-100k-b-t-500k-exe-q97023578

https://byjus.com/question-answer/the-intrinsic-carrier-concentration-of-silicon-sample-at-300-k-is-1-5-times-10/

https://www.chegg.com/homework-help/questions-and-answers/11-calculate-intrinsic-carrier-concentration-silicon-germanium-mathrm-t-100-mathrm-~k--b-m-q100914838

http://www.solecon.com/sra/rho2ccal.htm

https://www.numerade.com/ask/question/questionb-llmarks-calculate-the-intrinsic-carrier-concentration-in-silicon-at-t810-k-assume-the-bandgap-energy-of-silicon-is-112-ev-nc-28-x1019-cm-and-nv-104-x-1019-cm-at-t-300-k-68724/

https://www.youtube.com/watch?v=HePVRa1mVWE

https://www.calctown.com/calculators/equilibrium-hole-and-electron-concentration-doped

Investigar em Intrinsic Carrier Concentration Calculator Softwares e sua instalação em 5 diferentes softwares/apps, usando uma combinação dos seguintes métodos:

i. Descarregue versões gratuitas de tais Modern Intrinsic Carrier Concentration Calculator Softwares e execute-os localmente no seu portátil/computador.

ii. Descarregue versões gratuitas de tais Modern Intrinsic Carrier Concentration Calculator Softwares e execute-os localmente no seu smartphone/tablet.

Este exercício irá formar os alunos na utilização destes softwares de cálculo da concentração de portadores intrínsecos modernos e das suas opções disponíveis e apresentá-los à nova era destes softwares de cálculo da concentração de portadores intrínsecos modernos em smartphones e tablets. Um pequeno apercu de diferentes Softwares de Calculadora de Concentração de Portadores Intrínsecos Modernos também é abordado aqui. Estes podem ser necessários mais tarde durante o seu curso, carreira e investigação. Também pode servir como um estudo preliminar para aprender mais avançado / licenciado tais Modern Intrinsic Carrier Concentration Calculator Softwares. Os resultados devem ser demonstrados ao professor antes de serem entregues. A apresentação pode ser feita em papel ou em suporte eletrónico. Seguir as instruções subsequentes, incluindo os prazos relevantes, dadas pelo professor. Os resultados esperados incluem um relatório em docx/pdf, em bom formato. contendo o seguinte:

i. Uma ficha de síntese do trabalho corretamente concebida e preenchida.

ii. Os pormenores do computador/laptop no qual serão instalados os programas informáticos Modern Intrinsic Carrier Concentration Calculator ou onde serão acedidas as versões online do software.

iii. Os softwares gratuitos Modern Intrinsic Carrier Concentration Calculator baixados e seus detalhes, incluindo detalhes de instalação.

iv. Relatório de execução das calculadoras de concentração de portadores intrínsecos modernas e gratuitas, com cenários de demonstração de entrada fornecida e saída alcançada, possíveis detalhes sobre o nível de sucesso alcançado, etc., em cada calculadora de concentração de portadores intrínsecos.

v. Uma análise sucessiva das diferentes calculadoras modernas de concentração intrínseca de portadores e qual delas é considerada o melhor software gratuito para portátil/computador.

vi. Os dados do smartphone/tablet no qual o software Modern Intrinsic Carrier Concentration Calculator será instalado.

vii. Relatório de execução desses softwares de cálculo de concentração de portadores intrínsecos modernos em smartphones/tablets, com cenários de demonstração de entrada fornecida e saída alcançada, possíveis detalhes sobre o nível de sucesso alcançado, etc. em cada um dos softwares de cálculo de concentração de portadores intrínsecos modernos.

viii. Uma análise sucessiva das diferentes calculadoras modernas de concentração intrínseca de portadores e qual delas considera ser o melhor suporte para telemóveis/tablets.

ix. Um capítulo de conclusões exaustivo.

x. Referências em causa.

xi. Secção "Apêndice" que tem basicamente 3 partes: a primeira parte é sobre a atribuição de tarefas no grupo, a segunda parte é sobre o agendamento das tarefas e a terceira parte é sobre as notas de supervisão da reunião e as orientações aí fornecidas.

42

Secção 4: Métrica do campo magnético.

4.1Tarefa 12: Campo magnético de um fio Calculadora para fios rectos Softwares.

Recomendação: a realizar em grupos de 2 alunos

Duração prática sugerida - cerca de 6 horas

Pode consultar os seguintes sítios e outras fontes:

https://www.omnicalculator.com/physics/magnetic-field-of-straight-current-carrying-wire

https://www.calctool.org/electromagnetism/magnetic-field-of-straight-current-carrying-wire

https://www.omnicalculator.com/physics/magnetic-force-between-wires

https://phys.libretexts.org/Bookshelves/University_Physics/University_Physics_(OpenStax)/Book%3A_University_Physics_II_-_Thermodynamics_Electricity_and_Magnetism_(OpenStax)/12%3A_Sources_of_Magnetic_Fields/12.03%3A_Magnetic_Field_due_to_a_Thin_Straight_Wire

https://study.com/skill/learn/how-to-calculate-the-magnetic-field-generated-by-a-long-straight-current-carrying-wire-explanation.html

https://www.calculatoratoz.com/en/magnetic-field-due-to-infinite-straight-wire-calculator/Calc-2129

https://www.fxsolver.com/browse/formulas/Magnetic+field+of+the+straight+wire

http://hyperphysics.phy-astr.gsu.edu/hbase/magnetic/wirfor.html

https://rhettallain.com/2019/06/29/magnetic-field-due-to-a-long-straight-wire/

https://www.calctool.org/electromagnetism/magnetic-force-on-current-carrying-wire

https://physics.stackexchange.com/questions/628569/calculating-the-magnetic-field-around-a-current-carrying-wire-of-arbitrary-lengt

https://www.shaalaa.com/question-bank-solutions/calculate-the-value-of-the-magnetic-field-at-a-distance-of-2-cm-from-a-very-long-straight-wire-carrying-a-current-of-5-a-given-0-4-10-7-wb-am-magnetic-fields-due-to-electric-current_139566

https://www.electricity-magnetism.org/how-do-you-calculate-the-magnetic-field-produced-by-a-current-carrying-wire/

https://byjus.com/question-answer/a-straight-wire-carries-a-current-of-3a-calculate-the-magnitude-of-the-magnetic-field/

https://www.khanacademy.org/science/physics/magnetic-forces-and-magnetic-fields/magnetic-field-current-carrying-wire/v/magnetism-6-magnetic-field-due-to-current

https://apps.apple.com/gb/app/magnetic-field-of-a-wire-calc/id1423005752

https://physicstasks.eu/1786/magnetic-field-of-a-straight-conductor-carrying-a-current

Investigar em Magnetic Field of a Wire Calculator for Straight Wires Softwares e sua instalação em 5 diferentes softwares/apps, usando uma combinação dos seguintes métodos:

i.   Baixe versões gratuitas desses softwares Modern Magnetic Field of a Wire Calculator for Straight Wires e execute-os localmente em seu laptop/computador.

ii.   Baixe versões gratuitas desses softwares Modern Magnetic Field of a Wire Calculator for Straight Wires e execute-os localmente em seu smartphone/tablet.

Este exercício irá ensinar os alunos a utilizar os softwares Modern Magnetic Field of a Wire Calculator for Straight Wires e as opções disponíveis, introduzindo-os na nova era dos softwares Modern Magnetic Field of a Wire Calculator for Straight Wires em smartphones e tablets. Um pequeno apêndice de diferentes softwares de Modern Magnetic Field of a Wire Calculator for Straight Wires também é abordado aqui. Estes podem ser necessários mais tarde durante o seu curso, carreira e investigação. Também pode servir como um estudo preliminar para aprender mais sobre os softwares mais avançados/licenciados de Modern Magnetic Field of a Wire Calculator for Straight Wires. Os resultados devem ser demonstrados ao professor antes de serem entregues. A apresentação pode ser feita em papel ou em suporte informático online. Siga as instruções subsequentes, incluindo os prazos relevantes, dadas pelo professor. Os resultados esperados incluem um relatório em docx/pdf, em bom formato, contendo o seguinte:

i.   Uma ficha de síntese do trabalho corretamente concebida e preenchida.

ii.   Os dados do computador/laptop no qual será instalado o software Modern Magnetic Field of a Wire Calculator for Straight Wires ou onde serão acedidas as versões online do software.

iii.   Os softwares gratuitos Modern Magnetic Field of a Wire Calculator for Straight Wires baixados e seus detalhes, incluindo detalhes de instalação.

iv.   Relatório de execução do software gratuito Magnetic Field of a Wire Calculator for Straight Wires, com cenários de demonstração de entrada fornecida e saída alcançada, possíveis detalhes sobre o nível de sucesso alcançado etc. em cada um dos softwares Modern Magnetic Field of a Wire Calculator for Straight Wires descarregados.

v. Uma análise sucessiva dos diferentes softwares Modern Magnetic Field of a Wire Calculator for Straight Wires e qual deles você considera o melhor como o software livre para laptop / computador.

vi. Os detalhes do smartphone/tablet no qual o software Modern Magnetic Field of a Wire Calculator for Straight Wires será instalado.

vii. Relatório de execução desses softwares Modern Magnetic Field of a Wire Calculator for Straight Wires em smartphones/tablets, com cenários de demonstração de entrada fornecida e saída alcançada, possíveis detalhes sobre o nível de sucesso alcançado, etc. em cada um dos softwares Modern Magnetic Field of a Wire Calculator for Straight Wires.

viii. Uma análise sucessiva dos diferentes softwares Modern Magnetic Field of a Wire Calculator for Straight Wires e qual deles você considera ser o melhor suporte para smartphones / tablets.

ix. Um capítulo de conclusões exaustivo.

x. Referências em causa.

xi. Secção "Apêndice" que tem basicamente 3 partes: a primeira parte é sobre a atribuição de tarefas no grupo, a segunda parte é sobre o agendamento das tarefas e a terceira parte é sobre as notas de supervisão da reunião e as orientações aí fornecidas.

4.2 Tarefa 13: Softwares de cálculo de permeabilidade magnética.

Recomendação: a realizar em grupos de 2 alunos

Duração prática sugerida - cerca de 6 horas

Pode consultar os seguintes sítios e outras fontes:

https://www.omnicalculator.com/physics/magnetic-permeability
https://e-magnetica.pl/doku.php/calculator/relative_and_absolute_permeability
https://www.e-magnetica.pl/doku.php/calculator/effective_permeability_from_air_gap
https://fair-rite.com/toroid-permeability-calculator/

https://www.calctool.org/electromagnetism/magnetic-permeability

https://www.calculator.org/properties/magnetic_permeability.html

https://calculator.dev/physics/magnetic-permeability-calculator/

https://coil32.net/online-calculators/determine-toroid-core-permeability.html

https://newtum.com/calculators/physics/magnetic-permeability-calculator

https://www.calculatorultra.com/en/tool/magnetic-permeability-calculator.html

https://www.computabio.com/materials/magnetic-permeability-calculation.html

https://www.studysmarter.co.uk/explanations/physics/electromagnetism/magnetic-permeability/

https://quickfield.com/bh_curve_permeability.htm

https://byjus.com/jee/magnetic-permeability/

https://www.geeksforgeeks.org/magnetic-permeability/

https://www.vedantu.com/jee-main/physics-magnetic-permeability

https://www.magcraft.com/permeability-and-saturation

https://www.calculatoratoz.com/en/magnetic-permeability-calculator/Calc-2144

https://www.accelinstruments.com/Magnetic/Magnetic-field-calculator.html

https://study.com/academy/lesson/what-is-magnetic-permeability-definition-examples.html

https://www.electricalvolt.com/magnetic-permeability-definition-formula-units-types/

https://www.ncbi.nlm.nih.gov/pmc/articles/PMC8838505/

https://rechneronline.de/force/field-strength.php

https://www.calculatoratoz.com/en/magnetic-susceptibility-using-relative-permeability-calculator/Calc-43367

Investigar em softwares de cálculo de permeabilidade magnética e sua instalação em mais de 5 softwares/aplicações diferentes, usando uma combinação dos seguintes métodos:

i. Descarregue versões gratuitas de tais Modern Magnetic Permeability Calculator Softwares e execute-os localmente no seu portátil/computador.

ii. Descarregue versões gratuitas de tais Modern Magnetic Permeability Calculator Softwares e execute-os localmente no seu smartphone/tablet.

Este exercício irá formar os alunos na utilização de Softwares de Calculadora de Permeabilidade Magnética Moderna e suas opções disponíveis e apresentá-los à nova era de Softwares de Calculadora de Permeabilidade Magnética Moderna em smartphones e tablets. Um pequeno apêndice de diferentes Softwares de Calculadora de Permeabilidade Magnética Moderna também é abordado aqui. Estes podem ser necessários mais tarde durante o seu curso, carreira e investigação. Também pode servir como um estudo preliminar para a aprendizagem de softwares mais avançados/licenciados de Calculadora de Permeabilidade Magnética Moderna. Os resultados devem ser demonstrados ao professor antes de serem entregues. A apresentação pode ser feita em papel ou em suporte informático. Seguir as instruções subsequentes, incluindo os prazos relevantes, dadas pelo professor. Os resultados esperados incluem um relatório em docx/pdf, em bom formato, contendo o seguinte:

i. Uma ficha de síntese do trabalho corretamente concebida e preenchida.

ii. Os dados do computador/laptop em que serão instalados os programas informáticos Modern Magnetic Permeability Calculator ou em que serão acedidas as versões em linha do programa.

iii. Os softwares gratuitos Modern Magnetic Permeability Calculator descarregados e os seus detalhes, incluindo os detalhes de instalação.

iv. Relatório de execução dos programas gratuitos Modern Magnetic Permeability Calculator, com cenários de demonstração dos dados introduzidos e dos resultados obtidos, eventuais pormenores sobre o nível de sucesso alcançado, etc., em cada um dos programas Modern Magnetic Permeability Calculator descarregados.

v. Uma análise sucessiva dos diferentes Softwares Modernos de Calculadora de Permeabilidade Magnética e qual deles você considera ser o melhor como o software livre para laptop/computador.

vi. Os detalhes do smartphone/tablet no qual o software Modern Magnetic Permeability Calculator será instalado.

vii. Relatório de execução de tais Softwares de Calculadora de Permeabilidade Magnética Moderna em smartphones/tablets, com cenários de demonstração de entrada fornecida e saída alcançada, possíveis detalhes sobre o nível de sucesso alcançado, etc. em cada um dos Softwares de Calculadora de Permeabilidade Magnética Moderna.

viii. Uma análise sucessiva dos diferentes Softwares Modernos de Calculadora de Permeabilidade Magnética e qual deles você considera ser o melhor suporte para smartphones/tablets.

ix. Um capítulo de conclusões exaustivo.

x. Referências em causa.

xi. Secção "Apêndice" que tem basicamente 3 partes: a primeira parte é sobre a atribuição de tarefas no grupo, a segunda parte é sobre o agendamento das tarefas e a terceira parte é sobre as notas de supervisão da reunião e as orientações aí fornecidas.

4.3 Tarefa 14: Campo magnético de um solenoide Softwares de cálculo.

Recomendação: a realizar em grupos de 2 alunos

Duração prática sugerida - cerca de 6 horas

Pode consultar os seguintes sítios e outras fontes:

https://www.omnicalculator.com/physics/solenoid-magnetic-field

https://www.translatorscafe.com/unit-converter/en-US/calculator/solenoid-magnetic-field/?n=500&l=5&lu=cm&i=10&iu=A

https://www.accelinstruments.com/Magnetic/Magnetic-field-calculator.html

https://www.eeweb.com/tools/magnetic-field-calculator/

http://hyperphysics.phy-astr.gsu.edu/hbase/magnetic/solenoid.html

https://www.e-magnetica.pl/doku.php/calculator/solenoid_rectangular

https://www.calctool.org/electromagnetism/solenoid-magnetic-field

https://www.accelinstruments.com/Magnetic/Coil-Calculator.html

https://newtum.com/calculators/physics/solenoid-magnetic-field-calculator

https://www.omnicalculator.com/physics/magnetic-field-of-straight-current-carrying-wire

https://calculator.academy/solenoid-current-calculator/

https://apps.apple.com/us/app/solenoid-magnetic-field-calc/id1423507970

https://vrcacademy.com/calculator/solenoid-magnetic-field-calculator/

https://physics.icalculator.com/magnetic-flux-calculator.html

https://testbook.com/physics-formulas/magnetic-field-in-a-solenoid-formula

https://blog.truegeometry.com/calculators/solenoid_calculation_calculation.html

https://sciencing.com/calculate-solenoid-7609128.html

https://www.geeksforgeeks.org/magnetic-field-in-a-solenoid/

https://www.apogeeweb.net/tools/magnetic-field-calculator.html

https://byjus.com/magnetic-field-in-a-solenoid-formula/

https://apps.apple.com/il/app/solenoid-magnetic-field-calc/id1423507970?l=iw

https://www.mathworks.com/matlabcentral/fileexchange/71881-magnetic-fields-of-solenoids-and-magnets

https://calculator.academy/solenoid-force-calculator/

https://www.daycounter.com/Calculators/Magnets/Solenoid-Force-Calculator.phtml

https://www.calculatorschool.com/Electric/SolenoidCoil.aspx

https://www.calculatoratoz.com/en/magnetic-field-of-solenoid-calculator/Calc-22238

Investigar em Solenoid Magnetic Field Calculator Softwares e sua instalação em mais de 5 diferentes softwares/apps, usando uma combinação dos seguintes métodos:

i. Descarregue versões gratuitas de tais Modern Solenoid Magnetic Field Calculator Softwares e execute-os localmente no seu portátil/computador.

ii. Descarregue versões gratuitas de tais Modern Solenoid Magnetic Field Calculator Softwares e execute-os localmente no seu smartphone/tablet.

Este exercício irá formar os alunos na utilização de Softwares de Calculadora de Campo Magnético de Solenoide Moderno e suas opções disponíveis e apresentá-los à nova era de tais Softwares de Calculadora de Campo Magnético de Solenoide Moderno em smartphones e tablets. Um pequeno apêndice de diferentes softwares de calculadora de campo magnético de solenoide moderno também é abordado aqui. Estes podem ser necessários mais tarde durante o seu curso, carreira e investigação. Também pode servir como um estudo preliminar para aprender softwares mais avançados/licenciados de Calculadora de Campo Magnético de Solenoide Moderno. Os resultados devem ser demonstrados ao professor antes de serem entregues. A apresentação pode ser feita em papel ou em suporte informático. Seguir as instruções subsequentes, incluindo os prazos relevantes, dadas pelo professor. Os resultados esperados incluem um relatório em docx/pdf, em bom formato, contendo o seguinte:

i. Uma ficha de síntese do trabalho corretamente concebida e preenchida.

ii. Dados do computador/laptop em que serão instalados os programas informáticos Modern Solenoid Magnetic Field Calculator ou em que serão acedidas as versões em linha.

iii. Os softwares gratuitos Modern Solenoid Magnetic Field Calculator baixados e seus detalhes, incluindo detalhes de instalação.

iv. Relatório de execução dos programas gratuitos Modern Solenoid Magnetic Field Calculator, com cenários de demonstração dos dados introduzidos e dos resultados obtidos, eventuais pormenores sobre o nível de sucesso alcançado, etc., em cada um dos programas Modern Solenoid Magnetic Field Calculator descarregados.

v. Uma análise sucessiva dos diferentes softwares Modern Solenoid Magnetic Field Calculator e qual deles você considera ser o melhor como software livre para laptop / computador.

vi. Os detalhes do smartphone/tablet no qual o software Modern Solenoid Magnetic Field Calculator será instalado.

vii. Relatório de execução desses softwares Calculadora de Campo Magnético de Solenoide Moderno em smartphones/tablets, com cenários de demonstração de entrada fornecida e saída alcançada, possíveis detalhes sobre o nível de sucesso alcançado, etc. em cada um dos softwares Calculadora de Campo Magnético de Solenoide Moderno.

viii. Uma análise sucessiva dos diferentes softwares de calculadora de campo magnético de solenoide moderno e qual deles você considera ser o melhor suporte para smartphones / tablets.

ix. Um capítulo de conclusões exaustivo.

x. Referências em causa.

xi. Secção "Apêndice" que tem basicamente 3 partes: a primeira parte é sobre a atribuição de tarefas no grupo, a segunda parte é sobre o agendamento das tarefas e a terceira parte é sobre as notas de supervisão da reunião e as orientações aí fornecidas.

Secção 5: Conversões eléctricas.

5.1 Tarefa 15: Softwares de calculadora de Volt para Electronvolt.

Recomendação: a realizar em grupos de 2 alunos

Duração prática sugerida - cerca de 6 horas

Pode consultar os seguintes sítios e outras fontes:

https://www.rapidtables.com/calc/electric/volt-to-ev-calculator.html

https://www.omnicalculator.com/physics/volts-to-electron-volts

https://www.asutpp.com/volts-to-electron-volts-calculator.html

https://www.rapidtables.com/convert/electric/volts-to-ev.html

https://www.asutpp.com/electron-volts-to-volts-calculator.html

https://www.convertunits.com/from/volt/to/EV

https://www.inchcalculator.com/convert/from-electronvolt/

https://www.translatorscafe.com/unit-converter/en-US/energy/15-12/nanoelectron-volt-electron-volt/

https://newtum.com/calculators/physics/volt-to-electron-volt-calculator

https://forumelectrical.com/electron-volts-to-volts-calculator/

https://www.electricalcalculators.org/electron-volts-to-volts-formula-conversion-calculator/

https://www.kylesconverter.com/energy,-work,-and-heat/exaelectron-volts-to-electron-volts

https://electrical4u.net/calculator/volts-to-electron-volts-calculator-v-to-ev-online/

https://toponlinetool.com/electron-volts-to-volts-calculator/

https://www.electricalcalculators.org/volts-to-electron-volts-formula-conversion-calculator-v-to-ev-calculator/

https://people.mbi.ucla.edu/sumchan/crystallography/ang-eV_convertor.html

https://www.calculatorology.com/volts-to-ev-calculator/

https://www.calculatorology.com/ev-to-volts-calculator/

https://calculator.academy/ev-to-velocity-calculator/

Investigue em Volt para Electronvolt Calculator Softwares e sua instalação em 5 diferentes softwares / aplicativos, usando uma combinação dos seguintes métodos:

i.   Descarregue versões gratuitas de tais softwares de calculadora de Volt moderno para Electronvolt e execute-os localmente no seu computador portátil/computador.

ii.   Descarregue versões gratuitas de tais softwares de calculadora de Volt moderno para Electronvolt e execute-os localmente no seu smartphone/tablet.

Este exercício irá formar os alunos na utilização de tais softwares de calculadoras modernas de Volt para Electronvolt e suas opções disponíveis e apresentá-los à nova era de tais softwares de calculadoras modernas de Volt para Electronvolt em smartphones e tablets. Um pequeno apercu de diferentes Softwares de Calculadoras de Volt Moderno para Electronvolt também é abordado aqui. Estes podem ser necessários mais tarde durante o seu curso, carreira e investigação. Também pode servir como um estudo preliminar para a aprendizagem de softwares mais avançados/licenciados de Calculadora Moderna de Volt para Electronvolt. Os resultados devem ser demonstrados ao professor antes de serem entregues. O trabalho pode ser apresentado em papel ou em suporte informático. Seguir as instruções subsequentes, incluindo os prazos relevantes, dadas pelo professor. Os resultados esperados incluem um relatório em docx/pdf, em bom formato, contendo o seguinte:

i.   Uma ficha de síntese do trabalho corretamente concebida e preenchida.

ii.   Os dados do computador/laptop no qual serão instalados os programas de cálculo de Volt moderno a Electronvolt ou onde serão acedidas as versões em linha.

iii.   Os softwares gratuitos Modern Volt to Electronvolt Calculator baixados e seus detalhes, incluindo detalhes de instalação.

iv.   Relatório de execução dos programas gratuitos Calculadora Moderna de Volt para Electronvolt, com cenários de demonstração dos dados introduzidos e dos resultados obtidos, eventuais pormenores sobre o nível de sucesso alcançado, etc., em cada um dos programas Calculadora Moderna de Volt para Electronvolt descarregados.

v.   Uma análise sucessiva dos diferentes Softwares de Calculadora de Volt Moderno para Electronvolt e qual deles você considera ser o melhor como o software livre para laptop/computador.

vi.   Os detalhes do smartphone/tablet no qual o software Modern Volt to Electronvolt Calculator será instalado.

vii. Relatório de execução desses softwares de calculadora de Volt moderno para Electronvolt em smartphones/tablets, com cenários de demonstração de entrada fornecida e saída alcançada, possíveis detalhes sobre o nível de sucesso alcançado, etc. em cada um dos softwares de calculadora de Volt moderno para Electronvolt.

viii. Uma análise sucessiva dos diferentes softwares de calculadora de Volt moderno para Electronvolt e qual deles considera ser o melhor suporte para smartphones/tablets.

ix.   Um capítulo de conclusões exaustivo.

x.   Referências em causa.

xi.   Secção "Apêndice" que tem basicamente 3 partes: a primeira parte é sobre a atribuição de tarefas no grupo, a segunda parte é sobre o agendamento das tarefas e a terceira parte é sobre as notas de supervisão da reunião e as orientações aí fornecidas.

5.2 Tarefa 16: hp para amperes Softwares de cálculo.

Recomendação: a realizar em grupos de 2 alunos

Duração prática sugerida - cerca de 6 horas

Pode consultar os seguintes sítios e outras fontes:

https://www.inchcalculator.com/horsepower-to-amps-calculator/

https://www.omnicalculator.com/physics/hp-to-amps

https://www.allumiax.com/hp-to-amps-and-amps-to-hp-conversion-calculator

https://www.klocknermoeller.com/hp.htm

https://www.inchcalculator.com/amps-to-horsepower-calculator/

https://www.electricalcalculators.org/hp-to-amps-conversion-calculator/

https://calculator.academy/hp-to-amps-calculator/

https://toponlinetool.com/horsepower-to-amps-calculator/

https://www.electricalcalculators.org/1-hp-to-amps-conversion-with-calculations/

https://www.rapidtables.com/calc/electric/kW_to_Amp_Calculator.html

https://electrical4u.net/calculator/hp-to-amps-hp-to-a-conversion-calculator-dc-1-phase-3-phase/

https://telemet.com/convert/index.php?js=tablas&table=12&l=en

https://sawmillcreek.org/showthread.php?6316-Formula-for-converting-HP-to-AMPs-or-Visa-Versa

https://www.calculatorsconversion.com/en/hp-to-amps-conversion-calculator-formula-table-chart/

https://www.rapidtables.com/convert/power/hp-to-watt.html

https://www.youtube.com/watch?v=9BN4668lzyQ

https://www.easycalculation.com/unit-conversion/amps-to-hp-calculator.php

Investigar em hp a Amps Calculator Softwares e sua instalação em 5 diferentes softwares/apps, usando uma combinação dos seguintes métodos:

i. Descarregue versões gratuitas de tais Modern hp to amps Calculator Softwares e execute-os localmente no seu portátil/computador.

ii. Descarregue versões gratuitas de tais Modern hp to amps Calculator Softwares e execute-os localmente no seu smartphone/tablet.

Este exercício irá treinar os alunos na utilização de Softwares de Calculadoras modernas hp para amperes e suas opções disponíveis e apresentá-los à nova era de Softwares de Calculadoras modernas hp para amperes em smartphones e tablets. Um pequeno apêndice de diferentes softwares de calculadoras modernas hp para amperes também é abordado aqui. Estes podem ser necessários mais tarde durante o seu curso, carreira e investigação. Também pode servir como um estudo preliminar para aprender softwares mais avançados/licenciados de Calculadora moderna hp para amperes. Os resultados devem ser demonstrados ao professor antes de serem entregues. A apresentação pode ser feita em papel ou em suporte eletrónico. Seguir as instruções subsequentes, incluindo os prazos relevantes, dadas pelo professor. Os resultados esperados incluem um relatório em docx/pdf, em bom formato, contendo o seguinte:

i. Uma ficha de síntese do trabalho corretamente concebida e preenchida.

ii. Os dados do computador/laptop em que serão instaladas as calculadoras modernas de hp para amperes ou em que serão acedidas as versões em linha.

iii. Os softwares gratuitos Modern hp to amps Calculator baixados e seus detalhes, incluindo detalhes de instalação.

iv. Relatório de execução dos softwares gratuitos Calculadora moderna de hp para amperes, com cenários de demonstração de entrada fornecida e saída alcançada, possíveis detalhes sobre o nível de sucesso alcançado etc. em cada Software Calculadora moderna de hp para amperes.

v. Uma análise sucessiva dos diferentes Softwares de Calculadora Modern hp to amps e qual deles você considera ser o melhor como o software livre para laptop/computador.

vi. Os detalhes do smartphone/tablet no qual o software Modern hp to amps Calculator será instalado.

vii. Relatório de execução desses softwares de calculadora moderna de hp para amperes em smartphones/tablets, com cenários de demonstração de entrada fornecida e saída alcançada, possíveis detalhes sobre o nível de sucesso alcançado, etc. em cada calculadora de hp para amperes.

viii. Uma análise sucessiva dos diferentes softwares modernos de calculadora de hp para amperes e qual deles você considera ser o melhor suporte para smartphones/tablets.

ix. Um capítulo de conclusões exaustivo.

x. Referências em causa.

xi. Secção "Apêndice" que tem basicamente 3 partes: a primeira parte é sobre a atribuição de tarefas no grupo, a segunda parte é sobre o agendamento das tarefas e a terceira parte é sobre as notas de supervisão da reunião e as orientações aí fornecidas.

5.3 Tarefa 17: Softwares de cálculo de kVA.

Recomendação: a realizar em grupos de 2 alunos

Duração prática sugerida - cerca de 6 horas

Pode consultar os seguintes sítios e outras fontes:

https://www.rapidtables.com/calc/electric/Amp_to_kVA_Calculator.html

https://www.omnicalculator.com/physics/kva

https://www.generatorsource.com/Power_Calculator.aspx

https://www.maddoxtransformer.com/resources/kva-calculator

https://www.rapidtables.com/calc/electric/kVA_to_Amp_Calculator.html

https://www.alfatransformer.com/transformer_calculator.php

https://www.inchcalculator.com/amps-to-kva-calculator/

https://www.delta.xfo.com/en/support/kva-calculator

https://atlascea.com.au/generator-sizing-kva-calculator/

https://idesystems.co.uk/services/conversion-calculators/

https://play.google.com/store/apps/details?id=com.procerts.kvacalculator&hl=en&gl=US

https://www.nationalpump.com.au/calculators/kva-calculator/

https://www.procertssoftware.com/kva-calculator/

https://www.holtcat.com/online_tools/power_calculator

https://www.emotorsdirect.ca/kw-to-kva

https://shopsolarkits.com/pages/watts-to-kva-calculator

https://dieselgenerators.com/kva-calculator/

https://www.herramientasingenieria.com/onlinecalc/electricity/kVA.html

https://forumelectrical.com/amp-to-kva-calculator/

https://ncalculators.com/electrical/kva-calculator.htm

https://calculator.academy/amps-to-kva-calculator/

https://apps.apple.com/us/app/kva-calculator/id467407057

https://play.google.com/store/apps/details?id=kva.calculator&hl=en_US

https://www.federalpacific.com/tools/amps-kva-converter/

https://apps.apple.com/th/app/kva-calculator/id467407057

https://www.amazon.com/Pro-Certs-Software-Ltd-Calculator/dp/B007T9YLJQ

https://www.generatorsworldwide.com/kva-calculator/

https://www.ptgen.com/kva-calculator

https://www.omnicalculator.com/physics/kva-to-amperage

https://www.electricaltechnology.org/2021/01/amp-to-kva-calculator-conversion.html

https://www.voltimum.co.uk/articles/kva-calculator

https://www.youtube.com/watch?v=IPTXeYMmnqU

https://www.allmath.com/kilovolt-amps.php

Investigar em softwares de cálculo de kVA e sua instalação em mais de 5 softwares/apps diferentes, utilizando uma combinação dos seguintes métodos:

i. Descarregue versões gratuitas de tais softwares de calculadora moderna de kVA e execute-os localmente no seu portátil/computador.

ii. Descarregue versões gratuitas destas calculadoras modernas de kVA e execute-as localmente no seu smartphone/tablet.

Este exercício irá formar os alunos na utilização destes softwares de calculadoras modernas de kVA e nas suas opções disponíveis e introduzi-los na nova era destes softwares de calculadoras modernas de kVA em smartphones e tablets. Um pequeno apercu de diferentes softwares de calculadoras modernas de kVA também é abordado aqui. Estes podem ser necessários mais tarde durante o seu curso, carreira e investigação. Também pode servir como um estudo preliminar para a aprendizagem de Softwares de Calculadoras Modernas de kVA mais avançados/licenciados. Os resultados devem ser demonstrados ao professor antes de serem entregues. A entrega pode ser feita em papel ou em suporte eletrónico. Seguir as instruções subsequentes, incluindo os prazos relevantes, dadas pelo professor. Os resultados esperados incluem um relatório em docx/pdf, em bom formato, contendo o seguinte:

i. Uma ficha de síntese do trabalho corretamente concebida e preenchida.

ii. Os dados do computador/laptop em que serão instalados os programas informáticos Modern kVA Calculator ou em que serão acedidas as versões online do programa.

iii. Os softwares gratuitos Modern kVA Calculator baixados e seus detalhes, incluindo detalhes de instalação.

iv. Relatório de execução dos programas gratuitos Calculadora moderna de kVA, com cenários de demonstração da entrada fornecida e da saída alcançada, possíveis detalhes sobre o nível de sucesso alcançado, etc., em cada programa Calculadora moderna de kVA.

v. Uma análise sucessiva dos diferentes Softwares Modernos de Calculadora de kVA e qual deles você considera ser o melhor como o software livre para laptop/computador.

vi. Os dados do smartphone/tablet no qual será instalado o software Modern kVA Calculator.

vii. Relatório de execução de tais Softwares Modernos de Calculadora de kVA em smartphones/tablets, com cenários demonstrativos de entrada fornecida e saída alcançada, possíveis detalhes sobre o nível de sucesso alcançado, etc. em cada Software de Calculadora de kVA.

viii. Uma análise sucessiva dos diferentes Softwares Modernos de Calculadora de kVA e qual deles você considera ser o melhor suporte para smartphones/tablets.

ix. Um capítulo de conclusões exaustivo.

x. Referências em causa.

xi.   Secção "Apêndice" que tem basicamente 3 partes: a primeira parte é sobre a atribuição de tarefas no grupo, a segunda parte é sobre o agendamento das tarefas e a terceira parte é sobre as notas de supervisão da reunião e as orientações aí fornecidas.

5.4 Tarefa 18: Softwares de cálculo de watts para amperes.

Recomendação: a realizar em grupos de 2 alunos

Duração prática sugerida - cerca de 6 horas

Pode consultar os seguintes sítios e outras fontes:

https://www.rapidtables.com/calc/electric/Amp_to_Watt_Calculator.html

https://www.electricalsafetyfirst.org.uk/amps-to-watts-calculator/

https://www.electricalsafetyfirst.org.uk/watts-to-amps-calculator/

https://energyusecalculator.com/watts_volts_amps_ohms.htm

https://www.bosstab.com/resources/power-guides/calculators/watts-amps

https://circuitdigest.com/calculators/amps-to-watts-calculator

https://shopsolarkits.com/pages/watts-to-amps-calculator

https://www.thecalculatorsite.com/conversions/common/watts-amps.php

https://www.inchcalculator.com/watts-to-amps-calculator/

https://www.supercircuits.com/resources/tools/volts-watts-amps-converter

https://www.allumiax.com/watts-to-amps-and-amps-to-watts-conversion-calculator

https://blog.ecoflow.com/us/how-to-convert-watts-to-amps/

https://www.calcgenie.com/energy-converters/watts-to-amps

https://footprinthero.com/watts-to-amps-calculator

https://www.emc-directory.com/calculators/watts-to-amps

https://www.colocationamerica.com/amp-to-watt-converter

https://www.asutpp.com/watts-to-amps-calculator.html

https://videos.cctvcamerapros.com/voltage-to-watts-conversion

https://www.powerstream.com/Amps-Watts.htm

https://learnmetrics.com/watts-to-amps-converter-2/

https://www.jackery.com/blogs/knowledge/how-to-convert-watts-to-amps

https://www.wikihow.com/Convert-Watts-to-Amps
https://www.calculatored.com/converters/frequency/watts-to-amps-calculator
https://convert-watts-to-amps.soft112.com/
https://calculator.academy/watts-to-amps-calculator/
https://forumelectrical.com/watts-to-amp-calculator/
https://spheralsolar.com/watts-to-amps-calculator/
https://www.ukcampsite.co.uk/chatter/display_topic_threads.asp?ForumID=6&To
picID=80825&ThreadPage=1
https://play.google.com/store/apps/details?id=com.voltwattsamps&hl=en&gl=US
https://www.electricaltechnology.org/2020/12/watts-to-amps-calculator.html
https://www.easyunitconverter.com/watts-to-amps
https://footprinthero.com/amps-to-watts-calculator
https://heatingforce.co.uk/calculators/watts-to-amps/
https://online-calculator.org/electric/watts-to-amps.php

Investigar em Watts to Amps Calculator Softwares e sua instalação em mais de 5 diferentes softwares/apps, usando uma combinação dos seguintes métodos:

i.   Descarregue versões gratuitas destas calculadoras modernas de watts para amperes e execute-as localmente no seu portátil/computador.

ii.   Descarregue versões gratuitas de tais Modern Watts to Amps Calculator Softwares e execute-os localmente no seu smartphone/tablet.

Este exercício irá treinar os alunos na utilização de tais softwares de calculadora de watts modernos para amperes e suas opções disponíveis e apresentá-los à nova era de tais softwares de calculadora de watts modernos para amperes em smartphones e tablets. Um pequeno apêndice de diferentes softwares de calculadora de watts modernos para amperes também é abordado aqui. Estes podem ser necessários mais tarde durante o seu curso, carreira e investigação. Também pode servir como um estudo preliminar para aprender softwares mais avançados/licenciados de Calculadora de Watts para Amperes. Os resultados devem ser demonstrados ao professor antes de serem entregues. A apresentação pode ser feita em papel ou em suporte informático. Seguir as instruções subsequentes, incluindo os prazos relevantes, dadas pelo professor. Os resultados esperados incluem um relatório em docx/pdf, em bom formato, contendo o seguinte:

i.   Uma ficha de síntese do trabalho corretamente concebida e preenchida.

ii.   Os dados do computador/laptop em que serão instaladas as calculadoras modernas de watts para amperes ou em que serão acedidas as versões em linha.

iii. Os softwares gratuitos Modern Watts to Amps Calculator baixados e seus detalhes, incluindo detalhes de instalação.

iv.   Relatório de execução dos softwares gratuitos Calculadora Moderna de Watts para Amperes, com cenários de demonstração de entrada fornecida e saída alcançada, possíveis detalhes sobre o nível de sucesso alcançado etc. em cada Calculadora Moderna de Watts para Amperes.

v.   Uma análise sucessiva dos diferentes Softwares de Calculadora de Watts para Amperes modernos e qual deles você considera ser o melhor como o software livre para laptop/computador.

vi.   Os detalhes do smartphone/tablet no qual o software Modern Watts to Amps Calculator será instalado.

vii. Relatório de execução desses softwares de calculadora moderna de Watts para Amperes em smartphones/tablets, com cenários de demonstração de entrada fornecida e saída alcançada, possíveis detalhes sobre o nível de sucesso alcançado, etc. em cada calculadora de Watts para Amperes.

viii. Uma análise sucessiva dos diferentes Softwares Modernos de Calculadora de Watts para Amperes e qual deles você considera ser o melhor suporte para smartphones/tablets.

ix.   Um capítulo de conclusões exaustivo.

x.   Referências em causa.

xi.   Secção "Apêndice" que tem basicamente 3 partes: a primeira parte é sobre a atribuição de tarefas no grupo, a segunda parte é sobre o agendamento das tarefas e a terceira parte é sobre as notas de supervisão da reunião e as orientações aí fornecidas.

5.5 Tarefa 19: Lei de Joule - calculadora Softwares.

Recomendação: a realizar em grupos de 2 alunos

Duração prática sugerida - cerca de 6 horas

Pode consultar os seguintes sítios e outras fontes:

https://www.123calculus.com/en/joule-law-page-8-55-440.html

https://www.calctool.org/electrical-energy/joule-heating

https://calculator.academy/joules-law-calculator/

https://www.allaboutcircuits.com/tools/electrical-energy-calculator/

https://net-comber.com/ohmjoule.html

https://www.fxsolver.com/browse/formulas/Joule%27s+first+law

https://www.pinterest.com/pin/ohms-and-joules-law-calculator--454511787371053201/

https://www.learningaboutelectronics.com/Articles/Joules-law-calculator.php

https://www.pinterest.com/pin/136515432427884822/

https://formulasensei.com/electronic-formulas/joules-law/

https://electrical-engineering-portal.com/resources/knowledge/theorems-and-laws/joules-law

Investigar em Software de cálculo da lei de Joule e a sua instalação em mais de 5 programas/aplicações diferentes, utilizando uma combinação dos seguintes métodos

   i.   Descarregue versões gratuitas de tais Softwares de cálculo da lei de Joule modernos e execute-os localmente no seu portátil/computador.

   ii.   Descarregue versões gratuitas destes softwares de cálculo da lei de Joule moderna e execute-os localmente no seu smartphone/tablet.

Este exercício irá formar os alunos na utilização destes softwares de calculadora da lei de Joule moderna e das suas opções disponíveis e apresentá-los à nova era destes softwares de calculadora da lei de Joule moderna em smartphones e tablets. Um pequeno apercu de diferentes Softwares de calculadora da lei de Joule moderna também é abordado aqui. Estes podem ser necessários mais tarde durante o curso, a carreira e a investigação. Pode também servir como um estudo preliminar para a aprendizagem de Softwares de cálculo da lei de Joule modernos mais avançados/licenciados. Os resultados devem ser demonstrados ao professor antes de serem entregues. A entrega pode ser efectuada em papel ou em suporte informático. Seguir as instruções subsequentes, incluindo os prazos relevantes, dadas pelo professor. Os resultados esperados incluem um relatório em docx/pdf, em bom formato, contendo o seguinte:

   i.   Uma ficha de síntese do trabalho corretamente concebida e preenchida.

ii. Os dados do computador/laptop no qual serão instalados os programas informáticos de cálculo da lei de Joule moderna ou onde serão acedidas as versões em linha.

iii. Os softwares gratuitos Modern Joule's law calculator descarregados e os seus dados, incluindo os detalhes de instalação.

iv. Relatório de execução dos softwares gratuitos Calculadora da lei de Joule moderna, com cenários de demonstração da entrada fornecida e da saída alcançada, possíveis detalhes sobre o nível de sucesso alcançado etc. em cada Calculadora da lei de Joule moderna.

v. Uma análise sucessiva dos diferentes Softwares Modernos de cálculo da lei de Joule e qual deles você considera ser o melhor como o software livre para laptop/computador.

vi. Os detalhes do smartphone/tablet no qual o software Modern Joule's law calculator será instalado.

vii. Relatório de execução desses softwares modernos de calculadora da lei de Joule em smartphones/tablets, com cenários de demonstração de entrada fornecida e saída alcançada, possíveis detalhes sobre o nível de sucesso alcançado, etc. em cada calculadora da lei de Joule.

viii. Uma análise sucessiva dos diferentes Softwares modernos de calculadora da lei de Joule e qual deles você considera ser o melhor suporte para smartphones/tablets.

ix. Um capítulo de conclusões exaustivo.

x. Referências em causa.

xi. Secção "Apêndice" que tem basicamente 3 partes: a primeira parte é sobre a atribuição de tarefas no grupo, a segunda parte é sobre o agendamento das tarefas e a terceira parte é sobre as notas de supervisão da reunião e as orientações aí fornecidas.

Secção 6: Cálculos de potência eléctrica.

6.1 Tarefa 20: Softwares de cálculo de potência AC.

Recomendação: a realizar em grupos de 2 alunos

Tempo prático sugerido - cerca de 6 horas

Pode consultar os seguintes sítios e outras fontes:

https://www.omnicalculator.com/physics/ac-wattage

https://www.rapidtables.com/calc/electric/Amp_to_Watt_Calculator.html

https://www.translatorscafe.com/unit-converter/pt-BR/calculator/ac-power/

https://www.rapidtables.com/calc/electric/Watt_to_Amp_Calculator.html

https://www.calctool.org/electrical-energy/ac-wattage

https://blackhawksupply.com/pages/single-and-three-phase-ac-power-calculator-amps-to-kilowatts

https://www.electricalsafetyfirst.org.uk/amps-to-watts-calculator/

https://www.inchcalculator.com/wattage-calculator/

https://www.inchcalculator.com/amps-to-watts-calculator/

https://calculator.dev/physics/ac-wattage-calculator/

https://paytm.com/blog/bill-payments/electricity-bills/what-is-ac-power-consumption-how-to-calculate-it/

https://newtum.com/calculators/physics/ac-wattage-calculator

https://midwestsupplyus.com/pages/single-and-three-phase-ac-power-calculator

https://www.calculator.net/electricity-calculator.html

https://www.asutpp.com/amps-to-watts-calculator.html

https://www.easycalculation.com/engineering/electrical/ac-power-calculator.php

https://getcalc.com/electrical-ac-power-calculator.htm

https://www.coolermaster.com/power-supply-calculator/

https://www.omnicalculator.com/physics/watts-to-amps

https://www.thinkcalculator.com/electric/acpower-calculator.php

Investigar em AC Wattage Calculator Softwares e sua instalação em mais de 5 diferentes softwares/apps, usando uma combinação dos seguintes métodos:

i.   Descarregue versões gratuitas de tais Softwares Modernos de Calculadora de Potência AC e execute-os localmente no seu portátil/computador.

ii.   Descarregue versões gratuitas de tais Modern AC Wattage Calculator Softwares e execute-os localmente no seu smartphone/tablet.

Este exercício irá formar os alunos na utilização destes programas modernos de cálculo da potência em corrente alternada e das opções disponíveis, bem como introduzi-los na nova era destes programas de cálculo da potência em corrente alternada em smartphones e tablets. Um pequeno apercu de diferentes softwares de calculadora de potência CA moderna também é abordado aqui. Estes podem ser necessários mais tarde durante o seu curso, carreira e investigação. Também pode servir como um estudo preliminar para aprender softwares mais avançados/licenciados de Calculadora de Watts CA Moderna. Os resultados devem ser demonstrados ao professor antes de serem entregues. A entrega pode ser feita em papel ou em suporte eletrónico. Seguir as instruções subsequentes, incluindo os prazos relevantes, dadas pelo professor. Os resultados esperados incluem um relatório em docx/pdf, em bom formato, contendo o seguinte:

i.   Uma ficha de síntese do trabalho corretamente concebida e preenchida.

ii.   Os dados do computador/laptop em que serão instalados os programas informáticos Modern AC Wattage Calculator ou em que serão acedidas as versões online.

iii.   Os softwares gratuitos Modern AC Wattage Calculator baixados e seus detalhes, incluindo detalhes de instalação.

iv.   Relatório de execução dos programas gratuitos Modern AC Wattage Calculator, com cenários de demonstração dos dados introduzidos e dos resultados obtidos, eventuais pormenores sobre o nível de sucesso alcançado, etc., em cada programa Modern AC Wattage Calculator.

v.   Uma análise sucessiva dos diferentes Softwares Modernos de Calculadora de Voltagem AC e qual deles você considera ser o melhor como o software livre para laptop/computador.

vi.   Os detalhes do smartphone/tablet no qual o software Modern AC Wattage Calculator será instalado.

vii.   Relatório de execução desses softwares modernos de calculadora de potência CA em smartphones/tablets, com cenários de demonstração de entrada fornecida e saída alcançada, possíveis detalhes sobre o nível de sucesso alcançado, etc. em cada calculadora de potência CA.

viii. Uma análise sucessiva dos diferentes Softwares Modernos de Calculadora de Voltagem AC e qual deles você considera ser o melhor suporte para smartphones/tablets.

ix. Um capítulo de conclusões exaustivo.

x. Referências em causa.

xi. Secção "Apêndice" que tem basicamente 3 partes: a primeira parte é sobre a atribuição de tarefas no grupo, a segunda parte é sobre o agendamento das tarefas e a terceira parte é sobre as notas de supervisão da reunião e as orientações aí fornecidas.

6.2 Tarefa 21: Softwares de cálculo de potência eléctrica.

Recomendação: a realizar em grupos de 2 alunos

Duração prática sugerida - cerca de 6 horas

Pode consultar os seguintes sítios e outras fontes:

https://www.rapidtables.com/calc/electric/power-calculator.html

https://www.omnicalculator.com/physics/electrical-power

https://eepower.com/tools/dc-circuit-power-calculator/

https://www.generatorsource.com/Power_Calculator.aspx

https://www.allaboutcircuits.com/tools/electrical-energy-calculator/

https://www.rapidtables.com/calc/electric/index.html

https://eepower.com/tools/electrical-power-calculator/

https://www.vcalc.com/wiki/power-from-current-and-voltage

https://www.omnicalculator.com/physics/work-and-power

https://www.sensorsone.com/dc-voltage-and-current-to-power-calculator/

https://blackhawksupply.com/pages/single-and-three-phase-ac-power-calculator-amps-to-kilowatts

https://power-calculation.com/

https://www.asutpp.com/power-calculator.html

https://www.endesa.com/en/powers-calculators/power-calculator

https://calms.com/tools/electrical-power/

https://www.everythingpe.com/calculators/dc-power-calculator

https://www.calculator.net/ohms-law-calculator.html

https://play.google.com/store/apps/details?id=uk.co.powercontinuity.powercalc&hl=en&gl=US

https://calculator.academy/electrical-power-calculator/

https://www.calctown.com/calculators/electrical-power-calculator

https://dipslab.com/electrical-power-calculator/

https://newtum.com/calculators/physics/electrical-power-calculator

https://www.redcrab-software.com/en/Calculator/Electrics/Power

https://www.ke.com.pk/sustainability/energy-conservation/ec-calculator/

https://calculatorsbag.com/calculators/physics/electrical-power

https://www.saveonenergy.com/resources/energy-consumption/

https://www.linkedin.com/pulse/electrical-power-calculator-josh-kramer

https://rechneronline.de/force/electric-power.php

Investigar em Softwares de Calculadora de Energia Eléctrica e a sua instalação em mais de 5 softwares/apps diferentes, utilizando uma combinação dos seguintes métodos:

i. Descarregue versões gratuitas de tais Softwares de Calculadora de Energia Eléctrica Moderna e execute-os localmente no seu computador portátil/computador.

ii. Descarregue versões gratuitas destes softwares Modern Electrical Power Calculator e execute-os localmente no seu smartphone/tablet.

Este exercício irá formar os alunos na utilização destes programas informáticos de cálculo da potência eléctrica moderna e das opções disponíveis, bem como introduzi-los na nova era dos programas informáticos de cálculo da potência eléctrica moderna em smartphones e tablets. Um pequeno apêndice de diferentes softwares de calculadora de energia eléctrica moderna também é abordado aqui. Estes podem ser necessários mais tarde durante o curso, a carreira e a investigação. Também pode servir como um estudo preliminar para aprender softwares mais avançados/licenciados de Calculadoras Eléctricas Modernas. Os resultados devem ser demonstrados ao professor antes de serem entregues. A entrega pode ser feita em papel ou em suporte eletrónico. Seguir as instruções subsequentes, incluindo os prazos relevantes, dadas pelo professor. Os resultados esperados incluem um relatório em docx/pdf, em bom formato, contendo o seguinte:

i. Uma ficha de síntese do trabalho corretamente concebida e preenchida.

ii.   Os dados do computador/laptop em que serão instalados os programas informáticos Calculadora de energia eléctrica moderna ou em que serão acedidas as versões online do programa.

iii. Os softwares gratuitos Modern Electrical Power Calculator descarregados e os seus detalhes, incluindo os detalhes de instalação.

iv.   Relatório de execução dos programas gratuitos Calculadora de Energia Eléctrica Moderna, com cenários de demonstração dos dados fornecidos e dos resultados obtidos, eventuais pormenores sobre o nível de sucesso alcançado, etc., em cada um dos programas Calculadora de Energia Eléctrica Moderna descarregados.

v.   Uma análise sucessiva dos diferentes Softwares de Calculadora de Energia Elétrica Moderna e qual deles você considera ser o melhor como software livre para laptop/computador.

vi.   Os dados do smartphone/tablet no qual será instalado o software Calculadora de energia eléctrica moderna.

vii. Relatório de execução desses softwares de calculadora de energia elétrica moderna em smartphones/tablets, com cenários de demonstração de entrada fornecida e saída alcançada, possíveis detalhes sobre o nível de sucesso alcançado, etc. em cada um dos softwares de calculadora de energia elétrica moderna.

viii. Uma análise sucessiva dos diferentes Softwares Modernos de Calculadora de Energia Elétrica e qual deles você considera ser o melhor suporte para smartphones/tablets.

ix.   Um capítulo de conclusões exaustivo.

x.   Referências em causa.

xi.   Secção "Apêndice" que tem basicamente 3 partes: a primeira parte é sobre a atribuição de tarefas no grupo, a segunda parte é sobre o agendamento das tarefas e a terceira parte é sobre as notas de supervisão da reunião e as orientações aí fornecidas.

6.3 Tarefa 22: Softwares de cálculo de dissipação de energia.

Recomendação: a realizar em grupos de 2 alunos

Duração prática sugerida - cerca de 6 horas

Pode consultar os seguintes sítios e outras fontes:

https://eepower.com/tools/power-dissipation-calculator/

https://www.omnicalculator.com/physics/power-dissipation

https://calculator.academy/power-dissipation-calculator/

http://mustcalculate.com/electronics/powerdissipation.php

https://www.analog.com/en/resources/interactive-design-tools/power-dissipation-vs-die-temp.html

https://www.electronics-lab.com/cad-tools/calculators/linear-regulator-power-dissipation-calculator/

https://www.calculatorultra.com/en/tool/power-dissipation-calculator.html

https://electronics.stackexchange.com/questions/682979/power-dissipation-calculation-of-mosfet-for-selecting-a-mosfet-as-dummy-load

https://resources.system-analysis.cadence.com/blog/msa2021-let-spice-be-your-mosfet-power-dissipation-calculator

https://newtum.com/calculators/physics/power-dissipation-calculator

https://www.edaboard.com/threads/how-to-calculate-power-dissipation-in-ads.353550/

https://www.calctool.org/electrical-energy/power-dissipation

https://community.nxp.com/t5/Power-Management/UJA1169-Power-dissipation-calculator/m-p/1774271

https://plex.infineon.com/plexim/atv/TLF35584_Power_Dissipation_Calculator.html

https://calculator.academy/energy-dissipation-rate-calculator/

https://calculatorgem.com/power-dissipation-calculator/

https://www.calculatoratoz.com/en/static-power-dissipation-calculator/Calc-17637

https://www.powerelectronictips.com/what-does-power-dissipation-mean-faq/

Investigar em Softwares de Calculadora de Dissipação de Potência e sua instalação em mais de 5 softwares/aplicações diferentes, usando uma combinação dos seguintes métodos:

i. Descarregue versões gratuitas de tais Softwares Modern Power Dissipation Calculator e execute-os localmente no seu portátil/computador.

ii. Baixe versões gratuitas desses softwares Modern Power Dissipation Calculator e execute-os localmente em seu smartphone/tablet.

Este exercício irá formar os alunos na utilização destes programas modernos de cálculo da dissipação de energia e nas opções disponíveis, bem como introduzi-los na nova era dos programas modernos de cálculo da dissipação de energia em smartphones e tablets. Um pequeno apêndice de diferentes softwares de calculadoras modernas de dissipação de energia também é abordado aqui. Estes podem ser necessários mais tarde durante o seu curso, carreira e investigação. Também pode servir como um estudo preliminar para aprender softwares mais avançados/licenciados de Calculadora Moderna de Dissipação de Energia. Os resultados devem ser demonstrados ao professor antes de serem entregues. A apresentação pode ser feita em papel ou em suporte informático. Seguir as instruções subsequentes, incluindo os prazos relevantes, dadas pelo professor. Os resultados esperados incluem um relatório em docx/pdf, em bom formato, contendo o seguinte:

i. Uma ficha de síntese do trabalho corretamente concebida e preenchida.

ii. Os dados do computador/laptop em que serão instalados os programas informáticos Modern Power Dissipation Calculator ou em que serão acedidas as versões em linha.

iii. Os softwares gratuitos Modern Power Dissipation Calculator descarregados e os seus detalhes, incluindo os detalhes de instalação.

iv. Relatório de execução dos softwares gratuitos Modern Power Dissipation Calculator, com cenários de demonstração de entrada fornecida e saída alcançada, possíveis detalhes sobre o nível de sucesso alcançado etc. em cada Modern Power Dissipation Calculator.

v. Uma análise sucessiva dos diferentes Softwares de Calculadora de Dissipação de Potência Moderna e qual deles você considera ser o melhor como o software livre para laptop/computador.

vi. Os detalhes do smartphone/tablet no qual o software Modern Power Dissipation Calculator será instalado.

vii. Relatório de execução desses softwares de cálculo de dissipação de energia moderna em smartphones/tablets, com cenários de demonstração de entrada fornecida e saída alcançada, possíveis detalhes sobre o nível de sucesso alcançado, etc. em cada um dos softwares de cálculo de dissipação de energia moderna.

viii. Uma análise sucessiva dos diferentes softwares modernos de calculadora de dissipação de energia e qual deles você considera ser o melhor suporte para smartphones/tablets.

ix. Um capítulo de conclusões exaustivo.

x. Referências em causa.

xi. Secção "Apêndice" que tem basicamente 3 partes: a primeira parte é sobre a atribuição de tarefas no grupo, a segunda parte é sobre o agendamento das tarefas e a terceira parte é sobre as notas de supervisão da reunião e as orientações aí fornecidas.

6.4 Tarefa 23: Softwares de cálculo de watts.

Recomendação: a realizar em grupos de 2 alunos

Duração prática sugerida - cerca de 6 horas

Pode consultar os seguintes sítios e outras fontes:

https://www.rapidtables.com/calc/electric/watt-volt-amp-calculator.html

https://www.omnicalculator.com/physics/watt

https://seasonic.com/wattage-calculator

https://www.webstaurantstore.com/guide/600/how-to-calculate-amps-volts-and-watts.html

https://www.inchcalculator.com/wattage-calculator/

https://www.omnicalculator.com/physics/watt-hours

https://kickassproducts.com.au/pages/watt-volt-amp-calculator

https://www.fsplifestyle.com/landing/calculator.html

https://play.google.com/store/apps/details?id=com.aktham.app.calculator&hl=en_US

https://shopsolarkits.com/pages/watts-volts-amps-calculator

https://pvwatts.nrel.gov/

https://www.asutpp.com/watt-volt-amp-ohm-calculator.html

https://play.google.com/store/apps/details?id=com.procerts.wattsampsvolts&hl=en&gl=US

https://apps.apple.com/us/app/watts-amps-volts-calculator/id450813841

https://www.britishcycling.org.uk/membership/article/20120925-Power-Calculator-0

https://www.everythingrf.com/rf-calculators/dbm-to-watts
https://shopsolarkits.com/blogs/learning-center/watt-calculator
https://powerequipment.honda.com/generators/wattage-calculator
https://www.thecalculatorsite.com/conversions/common/amps-watts.php
https://kalk.pro/en/electricity/watts-calculator/
https://www.project200.com.au/amps-watts-calculators/
https://www.batteryequivalents.com/calculators-and-charts/volts-and-amps-to-watts-calculator.html
https://nysmartgenerators.com/wattage-calculator/

Investigar em Softwares de Calculadoras Watt e a sua instalação em mais de 5 softwares/apps diferentes, utilizando uma combinação dos seguintes métodos:

i. Descarregue versões gratuitas de tais softwares de calculadora de watts modernos e execute-os localmente no seu computador portátil/computador.

ii. Descarregue versões gratuitas de tais softwares de calculadora de watts modernos e execute-os localmente no seu smartphone/tablet.

Este exercício irá formar os alunos na utilização de programas informáticos de cálculo de watts modernos e nas opções disponíveis, bem como introduzi-los na nova era de programas informáticos de cálculo de watts modernos em smartphones e tablets. É também abordado um pequeno apercu de diferentes softwares de calculadoras modernas de watts. Estes podem ser necessários mais tarde durante o curso, a carreira e a investigação. Também pode servir como um estudo preliminar para aprender softwares mais avançados/licenciados de Calculadoras de Watt Modernas. Os resultados devem ser demonstrados ao professor antes de serem entregues. A entrega pode ser efectuada em papel ou em suporte informático. Seguir as instruções subsequentes, incluindo os prazos relevantes, dadas pelo professor. Os resultados esperados incluem um relatório em docx/pdf, em bom formato, contendo o seguinte:

i. Uma ficha de síntese do trabalho corretamente concebida e preenchida.

ii. Os dados do computador/laptop em que serão instalados os programas informáticos Modern Watt Calculator ou em que serão acedidas as versões em linha do programa.

iii.   Os softwares gratuitos Modern Watt Calculator descarregados e os seus detalhes, incluindo os detalhes de instalação.

iv.   Relatório de execução dos programas gratuitos Calculadora de Watt Moderna, com cenários de demonstração dos dados introduzidos e dos resultados obtidos, eventuais pormenores sobre o nível de sucesso alcançado, etc., em cada programa Calculadora de Watt Moderna.

v.   Uma análise sucessiva dos diferentes softwares de calculadora de watts modernos e qual deles você considera ser o melhor como software gratuito para laptop / computador.

vi.   Os dados do smartphone/tablet no qual o software Modern Watt Calculator será instalado.

vii.   Relatório de execução dos softwares de calculadora moderna de watts em smartphones/tablets, com cenários de demonstração da entrada fornecida e do resultado obtido, possíveis detalhes sobre o nível de sucesso alcançado, etc., em cada um dos softwares de calculadora moderna de watts.

viii.   Uma análise sucessiva dos diferentes softwares modernos de calculadora de watts e qual deles considera ser o melhor suporte para smartphones/tablets.

ix.   Um capítulo de conclusões exaustivo.

x.   Referências em causa.

xi.   Secção "Apêndice" que tem basicamente 3 partes: a primeira parte é sobre a atribuição de tarefas no grupo, a segunda parte é sobre o agendamento das tarefas e a terceira parte é sobre as notas de supervisão da reunião e as orientações aí fornecidas.

Secção 7: Componentes eléctricos.

7.1 Tarefa 24: Softwares de cálculo da capacidade da bateria.

Recomendação: a realizar em grupos de 2 alunos

Duração prática sugerida - cerca de 6 horas

Pode consultar os seguintes sítios e outras fontes:

https://www.omnicalculator.com/other/battery-capacity

https://shopsolarkits.com/pages/amp-hour-calculator-battery-capacity-calculator

https://www.batterystuff.com/kb/tools/calculator-sizing-a-battery-to-a-load.html

https://footprinthero.com/battery-capacity-calculator

https://eepower.com/tools/battery-capacity-calculator/

https://www.luminousindia.com/load-calculator

https://batterygroup.co.uk/capacity-calculator#gref

https://www.batteriesinaflash.com/battery-run-time-calculator

https://goalzero.com/pages/wattage-calculator

https://www.omnicalculator.com/other/battery-life

https://calculator.academy/battery-run-time-calculator/

https://pspowers.com/battery-capacity-calculator-for-electric-vehicle/

https://app.calctree.com/public/Battery-Capacity-Calculator-dG1sVgaD7RtEsS47Q7EKwn

https://www.batterysizingcalculator.com/

https://www.electronicsforu.com/special/battery-life-calculator

https://www.dnkpower.com/how-to-calculate-battery-run-time/

https://my.element14.com/battery-life-calculator

https://www.bcf.com.au/power-calculators/portable-battery-power-calculator.html

http://mustcalculate.com/electronics/batterycapacity.php?u=7.2&wh=100

https://forumelectrical.com/battery-capacity-calculator/

https://www.laptopbatteryexpress.com/how-to-calculate-laptop-battery-lifes/41950.htm

https://oregonembedded.com/batterycalc.htm

https://botland.store/content/291-battery-capacity-calculator

https://theengineeringmindset.com/battery-life-calculator/

https://www.electricaltechnology.org/2014/03/battery-capacity-calculator.html

Investigar em Softwares de Calculadora de Capacidade de Bateria e sua instalação em 5 diferentes softwares/apps, usando uma combinação dos seguintes métodos:

i. Descarregue versões gratuitas de tais Modern Battery Capacity Calculator Softwares e execute-os localmente no seu computador portátil/computador.

ii. Descarregue versões gratuitas de tais Modern Battery Capacity Calculator Softwares e execute-os localmente no seu smartphone/tablet.

Este exercício irá formar os alunos na utilização destes softwares modernos de cálculo da capacidade da bateria e das opções disponíveis, bem como apresentá-los à nova era destes softwares modernos de cálculo da capacidade da bateria em smartphones e tablets. Um pequeno apercu de diferentes Softwares Modernos de Calculadora de Capacidade de Bateria também é abordado aqui. Estes podem ser necessários mais tarde durante o seu curso, carreira e investigação. Também pode servir como um estudo preliminar para aprender mais avançado / licenciado tais Softwares de Calculadora de Capacidade de Bateria Moderna. Os resultados devem ser demonstrados ao professor antes de serem apresentados. O trabalho pode ser apresentado em papel ou em suporte eletrónico. Seguir as instruções subsequentes, incluindo os prazos relevantes, dadas pelo professor. Os resultados esperados incluem um relatório em docx/pdf, em bom formato, contendo o seguinte:

i. Uma ficha de síntese do trabalho corretamente concebida e preenchida.

ii. Os dados do computador/laptop em que serão instalados os programas informáticos Modern Battery Capacity Calculator ou em que serão acedidas as versões online.

iii. Os softwares gratuitos Modern Battery Capacity Calculator baixados e seus detalhes, incluindo detalhes de instalação.

iv. Relatório de execução dos softwares gratuitos Modern Battery Capacity Calculator, com cenários de demonstração de entrada fornecida e saída alcançada, possíveis detalhes sobre o nível de sucesso alcançado etc. em cada Modern Battery Capacity Calculator.

v. Uma análise sucessiva dos diferentes Softwares Modernos de Calculadora de Capacidade de Bateria e qual deles você considera ser o melhor como o software livre para laptop/computador.

vi. Os detalhes do smartphone/tablet no qual o software Modern Battery Capacity Calculator será instalado.

vii. Relatório de execução desses Softwares de Calculadora de Capacidade de Bateria Moderna em smartphones/tablets, com cenários de demonstração de entrada fornecida e saída alcançada, possíveis detalhes sobre o nível de sucesso alcançado, etc. em cada um dos Softwares de Calculadora de Capacidade de Bateria Moderna.

viii. Uma análise sucessiva dos diferentes Softwares Modernos de Calculadora de Capacidade de Bateria e qual deles você considera ser o melhor suporte para smartphones/tablets.

ix. Um capítulo de conclusões exaustivo.

x. Referências em causa.

xi. Secção "Apêndice" que tem basicamente 3 partes: a primeira parte é sobre a atribuição de tarefas no grupo, a segunda parte é sobre o agendamento das tarefas e a terceira parte é sobre as notas de supervisão da reunião e as orientações aí fornecidas.

7.2 Tarefa 25: Softwares de cálculo de energia de capacitores.

Recomendação: a realizar em grupos de 2 alunos

Duração prática sugerida - cerca de 6 horas

Pode consultar os seguintes sítios e outras fontes:

https://www.omnicalculator.com/physics/capacitor-energy

https://www.electronics2000.co.uk/calc/capacitor-charge-calculator.php

https://www.allaboutcircuits.com/tools/capacitor-Charge-and-time-constant-calculator/

https://www.gigacalculator.com/calculators/capacitor-charge-calculator.php

https://www.calctool.org/electrical-energy/capacitor-energy

https://my.avnet.com/ebv/solutions/product-and-solutions-design/design-hub/calculators/capacitor-charge/

https://dwightreid.com/apps/CapacitorEnergyCalc/

https://kaizerpowerelectronics.dk/calculators/capacitor-energy-calculator/

https://ohmslaw.eu/capacitor_energy/10uF_5-V_-J-

https://ohmslaw.eu/capacitor_energy_delta/500uF_12-V_6-V_-J-

https://it.farnell.com/calcolatore-carica-condensatore

https://www.xenonflashtubes.com/blog/capacitor-stored-energy-calculator-b21.html

https://calculator.academy/capacitor-energy-calculator/

https://www.learningaboutelectronics.com/Articles/Capacitor-energy-calculator.php

https://www.utmel.com/tools/capacitor-energy-and-time-constant-calculator?id=37

https://saving.em.keysight.com/en/used/knowledge/calculators/capacitor-calculator

http://mustcalculate.com/electronics/capacitorenergy.php

https://newtum.com/calculators/physics/capacitor-energy-calculator

https://freecalculator.net/capacitor-charge-calculator

https://calculator.dev/physics/capacitor-energy-calculator/

https://pcbcupid.com/tools/calculate-energy-time-constant-of-a-capacitor/

https://engineering.icalculator.com/capacitor-energy-and-rc-time-constant-calculator.html

https://calculator.academy/capacitor-energy-calculator/calculator.academy/?cff-form=265

https://www.calctown.com/calculators/capacitance-charge-energy-calculation

https://www.daycounter.com/Calculators/Capacitor-Energy-Time-Constant-Calculator.phtml

https://physics.studentsource.org/calculators/equationsolver.php/capacitor-energy

https://www.calculatorultra.com/en/tool/capacitor-energy-calculator.html

https://www.123calculus.com/en/capacitor-energy-page-8-55-173.html

https://www.easycalculation.com/physics/electromagnetism/energy-in-capacitor.php

https://ncalculators.com/electronics/capacitor-charge-calculator.htm

Investigar em Softwares de Calculadora de Energia de Condensadores e sua instalação em mais de 5 softwares/apps diferentes, usando uma combinação dos seguintes métodos:

i. Descarregue versões gratuitas de tais Modern Capacitor Energy Calculator Softwares e execute-os localmente no seu computador portátil/computador.

ii. Descarregue versões gratuitas destes softwares Modern Capacitor Energy Calculator e execute-os localmente no seu smartphone/tablet.

Este exercício irá formar os alunos na utilização destes programas modernos de cálculo da energia dos condensadores e das suas opções disponíveis e introduzi-los na nova era destes programas modernos de cálculo da energia dos condensadores em smartphones e tablets. Um pequeno apêndice de diferentes softwares de calculadora de energia de capacitores modernos também é abordado aqui. Estes podem ser necessários mais tarde durante o seu curso, carreira e investigação. Também pode servir como um estudo preliminar para aprender softwares mais avançados/licenciados de Calculadora de Energia de Condensadores Modernos. Os resultados devem ser demonstrados ao professor antes de serem entregues. A apresentação pode ser feita em papel ou em suporte eletrónico. Seguir as instruções subsequentes, incluindo os prazos relevantes, dadas pelo professor. Os resultados esperados incluem um relatório em docx/pdf, em bom formato, contendo o seguinte:

i. Uma ficha de síntese do trabalho corretamente concebida e preenchida.

ii. Os dados do computador/laptop em que serão instalados os programas informáticos Modern Capacitor Energy Calculator ou em que serão acedidas as versões em linha.

iii. Os softwares gratuitos Modern Capacitor Energy Calculator descarregados e os seus dados, incluindo os detalhes de instalação.

iv. Relatório de execução dos programas gratuitos Modern Capacitor Energy Calculator, com cenários de demonstração dos dados fornecidos e dos resultados obtidos, eventuais pormenores sobre o nível de sucesso alcançado, etc., em cada um dos programas Modern Capacitor Energy Calculator descarregados.

v. Uma análise sucessiva dos diferentes Softwares Modernos de Calculadora de Energia de Condensadores e qual deles você considera ser o melhor como o software livre para laptop/computador.

vi. Os dados do smartphone/tablet no qual o software Modern Capacitor Energy Calculator será instalado.

vii. Relatório de execução desses softwares de cálculo de energia de capacitores modernos em smartphones/tablets, com cenários de demonstração de entrada fornecida e saída alcançada, possíveis detalhes sobre o nível de sucesso alcançado, etc. em cada um dos softwares de cálculo de energia de capacitores modernos.

viii. Uma análise sucessiva dos diferentes Softwares Modernos de Calculadora de Energia de Condensadores e qual deles você considera ser o melhor suporte para smartphones/tablets.

ix. Um capítulo de conclusões exaustivo.

x. Referências em causa.

xi. Secção "Apêndice" que tem basicamente 3 partes: a primeira parte é sobre a atribuição de tarefas no grupo, a segunda parte é sobre o agendamento das tarefas e a terceira parte é sobre as notas de supervisão da reunião e as orientações aí fornecidas.

7.3 Tarefa 26: Softwares de cálculo de armazenamento de energia de indutores.

Recomendação: a realizar em grupos de 2 alunos

Duração prática sugerida - cerca de 6 horas

Pode consultar os seguintes sítios e outras fontes:

https://www.omnicalculator.com/physics/inductor-energy
https://calculator.academy/inductor-energy-storage-calculator/
https://www.learningaboutelectronics.com/Articles/Inductor-energy-calculator.php
https://ohmslaw.eu/inductor_energy/500uH_6-A_-J-
https://www.studysmarter.co.uk/explanations/physics/electricity-and-magnetism/energy-stored-in-inductor/
https://calculator.dev/physics/inductor-energy-storage-calculator/
https://www.daycounter.com/Calculators/Inductor-Energy-Calculator.phtml
https://www.electricity-magnetism.org/inductor-energy-storage-equation/
https://www.calctool.org/electrical-energy/inductor-energy
https://saving.em.keysight.com/en/used/knowledge/calculators/inductance-calculator

https://physicscalc.com/physics/inductor-energy-calculator/
https://farside.ph.utexas.edu/teaching/316/lectures/node103.html
https://dipslab.com/c-1-energy-calculator/
https://www.calculatorultra.com/en/tool/inductor-energy-storage-calculator.html
https://www.translatorscafe.com/unit-converter/en-US/calculator/inductor-impedance/?l=10&lu=mH&f=25&fu=MHz
https://www.sanfoundry.com/basic-electrical-engineering-questions-answers-energy-stored-inductor/

Investigar em Inductor Energy Storage Calculator Softwares e sua instalação em 5 diferentes softwares/apps, usando uma combinação dos seguintes métodos:

i. Descarregue versões gratuitas de tais Modern Inductor Energy Storage Calculator Softwares e execute-os localmente no seu portátil/computador.

ii. Descarregue versões gratuitas de tais softwares Modern Inductor Energy Storage Calculator e execute-os localmente no seu smartphone/tablet.

Este exercício irá treinar os alunos na utilização de Softwares de Calculadora de Armazenamento de Energia de Indutores Modernos e suas opções disponíveis e apresentá-los à nova era de tais Softwares de Calculadora de Armazenamento de Energia de Indutores Modernos em smartphones e tablets. Um pequeno apercu de diferentes Softwares de Calculadora de Armazenamento de Energia de Indutores Modernos também é abordado aqui. Estes podem ser necessários mais tarde durante o seu curso, carreira e investigação. Também pode servir como um estudo preliminar para aprender softwares mais avançados/licenciados de Calculadora de Armazenamento de Energia de Indutores Modernos. Os resultados devem ser demonstrados ao professor antes de serem entregues. A apresentação pode ser feita em papel ou em suporte informático. Siga as instruções subsequentes, incluindo os prazos relevantes, dadas pelo professor. Os resultados esperados incluem um relatório em docx/pdf, em bom formato, contendo o seguinte:

i. Uma ficha de síntese do trabalho corretamente concebida e preenchida.

ii. Os dados do computador/laptop em que serão instalados os programas informáticos Modern Inductor Energy Storage Calculator ou em que serão acedidas as versões online do programa.

iii. Os softwares gratuitos Modern Inductor Energy Storage Calculator baixados e seus detalhes, incluindo detalhes de instalação.

iv. Relatório de execução dos programas gratuitos Modern Inductor Energy Storage Calculator, com cenários de demonstração dos dados fornecidos e dos resultados obtidos, eventuais pormenores sobre o nível de sucesso alcançado, etc., em cada um dos programas descarregados Modern Inductor Energy Storage Calculator.

v. Uma análise sucessiva dos diferentes Softwares de Calculadora de Armazenamento de Energia de Indutores Modernos e qual deles você considera ser o melhor como o software livre para laptop/computador.

vi. Os detalhes do smartphone/tablet no qual o software Modern Inductor Energy Storage Calculator será instalado.

vii. Relatório de execução desses softwares de calculadora de armazenamento de energia de indutores modernos em smartphones/tablets, com cenários de demonstração de entrada fornecida e saída alcançada, possíveis detalhes sobre o nível de sucesso alcançado, etc. em cada um dos softwares de calculadora de armazenamento de energia de indutores modernos.

viii. Uma análise sucessiva dos diferentes Softwares de Calculadora de Armazenamento de Energia de Indutores Modernos e qual deles você considera ser o melhor suporte para smartphones/tablets.

ix. Um capítulo de conclusões exaustivo.

x. Referências em causa.

xi. Secção "Apêndice" que tem basicamente 3 partes: a primeira parte é sobre a atribuição de tarefas no grupo, a segunda parte é sobre o agendamento das tarefas e a terceira parte é sobre as notas de supervisão da reunião e as orientações aí fornecidas.

Secção 8: Conclusão.

8.1 Resumo do presente manuscrito.

Este manuscrito contém 26 exercícios práticos judiciosamente preparados no domínio do Eletromagnetismo e dos Cálculos de Energia Eléctrica para ajudar os formadores no ensino dos níveis introdutórios das TIC ou de qualquer outro programa relacionado com a capacitação. Este manuscrito de apoio destina-se a ajudar os formadores/académicos mais jovens a apreender os tópicos a definir como exercícios práticos dignos de nota para os alunos. Naturalmente, os programas informáticos a instalar podem estar em qualquer língua aprovada pelo formador. O formato de apresentação dos exercícios assemelha-se. O objetivo deste formato semelhante é produzir exercícios coesos e de fácil compreensão. Os académicos/treinadores mantêm a sua discrição para adaptar os exercícios à sua conveniência e ajustar os critérios de classificação.

8.2 Pressupostos considerados.

Todos os estudos se baseiam geralmente em determinados pressupostos viáveis. Os pressupostos para este manuscrito são os seguintes:

1. O hardware necessário para os exercícios correspondentes é disponibilizado aos alunos. Para o efeito, a escola pode fornecer os materiais ou os alunos podem obtê-los através de patrocínio ou de compra própria.
2. Os alunos têm bons níveis de proficiência na utilização de computadores e telemóveis inteligentes.
3. Os alunos são suficientemente competentes numa língua de redação de relatórios, seja o inglês ou outras línguas, para redigir os relatórios adequados e elaborar boas fichas de síntese do seu trabalho para facilitar a compreensão do mesmo.
4. Espera-se um aperfeiçoamento contínuo das competências de redação de relatórios, embora o nível de redação de relatórios esperado possa ser alterado pelos formadores.
5. Os alunos têm telemóveis inteligentes ou tablets suficientemente potentes.
6. Espera-se que os treinadores façam um acompanhamento de perto e que o trabalho de grupo seja reforçado sempre que necessário.

8.3 Definição de bases para trabalhos futuros.

O trabalho aqui apresentado abre perspectivas de mais trabalho, incluindo mas não se limitando a software nas seguintes áreas ou subdomínios possíveis: Multimédia, engenharia, negócios e gestão, capacitação pessoal e das mulheres, melhoria da gama de competências dos programadores, melhoria da gama de competências técnicas e melhoria da segurança das ferramentas TIC.

No futuro, poderão ser elaboradas mais perguntas deste tipo, para enriquecer os futuros formadores no desenvolvimento dos seus programas de formação.

Printed by Books on Demand GmbH, Norderstedt / Germany